北京市属高等学校人才强教计划资助项目

化石能源走向零排放的关键
——制氢与 CO_2 捕捉

乔春珍 著

北 京
冶 金 工 业 出 版 社
2011

内容提要

本书从目前化石能源利用带来的环境危害出发，介绍利用钙基 CO_2 吸收剂在化石能源气化制氢的同时，分离、固化 CO_2 的方法，从热力学的角度分析该方法的可行性，进行相关的实验验证，并对钙基 CO_2 吸收剂的循环利用特性进行考察，提出相应的改进措施。全书共分 7 章，主要内容包括：化石能源与氢能；钙基 CO_2 吸收剂；化石能源气化制氢的热力学分析；实验验证吸收剂的工作条件；CO_2 吸收剂循环特性实验研究；CO_2 吸收剂循环特性改善研究；制氢与 CO_2 捕捉的前景。

本书可供建筑环境与设备、工程热物理、环保、节能等行业的科研、管理等人员参考，也可供高等院校和中等职业技术学校相关专业的师生阅读。

图书在版编目（CIP）数据

化石能源走向零排放的关键：制氢与 CO_2 捕捉/乔春珍著．—北京：冶金工业出版社，2011.6

ISBN 978-7-5024-5590-3

Ⅰ.①化…　Ⅱ.①乔…　Ⅲ.①石油工业—无污染技术②煤炭工业—无污染技术　Ⅳ.①X74　②X752

中国版本图书馆 CIP 数据核字（2011）第 093404 号

出 版 人　曹胜利

地　　址　北京北河沿大街嵩祝院北巷 39 号，邮编 100009

电　　话　(010)64027926　电子信箱　yjcbs@cnmip.com.cn

责任编辑　廖　丹　美术编辑　彭子赫　版式设计　葛新霞

责任校对　石　静　责任印制　李玉山

ISBN 978-7-5024-5590-3

北京百善印刷厂印刷；冶金工业出版社发行；各地新华书店经销

2011 年 6 月第 1 版，2011 年 6 月第 1 次印刷

148mm×210mm；4.25 印张；124 千字；126 页

18.00 元

冶金工业出版社发行部　电话：(010)64044283　传真：(010)64027893

冶金书店　地址：北京东四西大街 46 号(100010)　电话：(010)65289081(兼传真)

（本书如有印装质量问题，本社发行部负责退换）

前　言

能源是人类社会进步和发展的重要物质基础，能源的开发和利用是人类社会进步的起点，能源开发利用的程度则是社会生产力发展的一个重要标志。化石能源成为主要能源，从根本上改变了人类社会的面貌。据预测，2050 年前，化石能源仍占能源总量的一大半。化石能源的大规模应用带来严重的环境污染，CO_2 排放引起的"温室效应"已引起全球各国政府部门和科研机构的关注。

在不抛弃传统的化石能源的前提下，为有效解决气候变化和大气环境污染问题，寻找合适的载能体并同时减排 CO_2 就成为当务之急。目前，利用钙基 CO_2 吸收剂制氢的同时，分离、固化 CO_2 被认为是未来重要的发展方向之一。但是天然钙基吸收剂在循环煅烧—碳酸化过程中极易磨损与破碎，同时其吸收 CO_2 的能力随循环次数的增加显著降低，所以对其循环特性进行研究具有重要的意义。

本书共分 7 章，在介绍目前能源结构的基础上，分析传统化石能源利用带来的环境污染及严重危害；结合当今以氢为新型能源载体的现状，概述化石能源气化制氢技术；对钙基 CO_2 吸收剂的研究现状进行分析；在化石能源气化制氢热力学分析的基础上，确定钙基 CO_2 吸收剂的工作条件；对钙基 CO_2 吸收剂的循环特性进行分析，提出钙基 CO_2 吸收剂循环特性改善措施。本书旨在向广大读者介绍利用钙基 CO_2 吸收剂分离、减排 CO_2 的化石能源转化新技术，既可供建筑环境与设备、工程热物理、环保、节能等行业的科研、管理等人员参考，也可供高等院校和中等职业技术学校相关专业的师生阅读。

目前，化石能源转化技术发展迅速，新的减排 CO_2 的方法也不断被提出，同时本书涉及的学科和领域也很多，由于作者的水平和能力有限，书中难免存在不足之处，恳请广大读者批评指正。

作 者

2011 年 4 月

目　　录

1　化石能源与氢能

1.1　能源结构的变化

向自然界提供各种能量的物质资源称为能源。能源的开发和利用是人类社会进步的起点，而开发和利用的程度则是社会生产力发展的一个重要标志。在一万年以前的新石器时代，人类开始自觉地利用自然环境的薪柴等初级能源，开创了刀耕火种的初始农业。当化石能源成为主要能源后，人类社会的面貌发生了根本的改变。如 18 世纪资本主义产业革命后，蒸汽机的发明及纺织机的发展，使得能源结构急剧转向煤炭。19 世纪 70 年代，煤炭在能源结构中的比例为 24%，20 世纪初急剧增加到 95%，世界进入煤炭能源时代。这期间，煤炭被大量开采，世界上许多国家建立了以煤炭为基础的大工业区。煤炭在历史舞台上发挥了巨大的作用，促进了资本主义工业的高速发展，出现了机器和大工业的生产。

19 世纪 60 年代石油资源的发现以及 20 世纪 50 年代以后廉价石油的大规模开发利用，动摇了煤炭半个多世纪以来作为能源主宰的地位，世界能源结构从以煤为主转向以油为主，世界进入石油能源时代，许多国家实现了经济的高速增长。20 世纪 70 年代初，石油上升到总能源的约 50% 左右。这期间，世界能源布局出现了专门性的大生产区、加工区、消费区、重要的石油运输线的输出港口等，同时也出现了石油输出国组织。各国为保护自身利益，开展了一系列的石油争夺战，且日益激烈复杂。

自 1973 年开始，国际上接连出现两次大的石油危机，石油输出国和输入国都越来越认识到，石油是一种蕴藏量有限的宝贵能源，必须一方面设法提高其利用率，千方百计节省这种能源；另一方面也必须考虑采用新的方法寻求替代能源。此后，石油、煤炭在能源中所占的比例缓慢下降，天然气比例上升，新能源、可再生能源逐步发展，形成了当前的以化石能源为主（约占一次商品能源消费的90%）和新能源、可再生能源为辅的格局。

21世纪，许多预测表明以化石燃料为主的能源体系将转向化石燃料、核能、可再生能源等不断变化的多元化结构，而这种变革主要依赖于能源开发、利用技术的突破。据预测，2050年前，化石能源仍占能源总量的一大半，2050年后，核能与可再生能源的比例将明显增大。据世界能源委员会/国际应用系统研究所（WEC/IIASA）研究报告《2050年及以后全球能源展望》预测，到2100年，在世界终端能源消费结构中，网络能源（天然气、电力、区域供热、氢）所占比例将达55%~65%。

1.2 我国目前的能源结构

我国幅员辽阔，能源资源蕴藏总量较为丰富，如煤炭资源量为1.1×10^{12}t，探明可采储量1.145×10^{11}t，占世界的11.6%；石油资源量为7.87×10^{10}t，剩余可采储量2.5×10^{9}t，占世界的1.7%；天然气地质资源量估计超过$3.8\times10^{13}m^3$，按国际通用口径，预计可采储量$1.0\times10^{13}m^3$，剩余可采储量$1.5\times10^{12}m^3$，占世界的1%。尽管我国煤炭、石油和天然气的绝对资源数量十分可观，但由于人口众多，能源资源的人均占有量只相当于世界平均数的一半，因此我国是一个能源资源相对贫乏的国家。在世界探明的化石能源资源储量中，石油、煤炭和天然气的结构关系为20%、60%和20%，我国为5%、91%和4%，石油和天然气的资源数量与世界平均水平相比明显偏少，资源构成以劣质能源为主。

我国是一个人口众多、经济快速增长的发展中国家，能源量的发展与质的改善是经济发展和人民生活改善的基本保证。分析发现，我国能源的现状具有如下特点：

（1）人均能耗低而能源强度高，人均能源消费量不及世界平均水平的一半。

（2）我国仍然是世界上煤炭消费量最高的国家之一，能源结构以煤为主。2000年，我国的煤炭消费量占一次能源消费总量的63%，而世界平均水平仅为25%。

(3) 能源利用效率低，且工业为能源消费主要构成。

(4) 电力增长迅速，但电力消费水平仍很低，占我国终端能源消费的比重低。

(5) 发电用煤占煤炭消费量的比重低，煤的直接燃烧使用占煤炭消费量的比例高。

这样的能源结构使我国在能源领域面临着严峻的挑战，主要是能源安全、能源环境、温室气体排放以及农村能源升级和换代四大问题。石油供应安全问题是我国能源安全中的主要矛盾。我国自1993年从石油净出口国变为净进口国以来，石油进口依存度大幅上升，2000年已超过30%，2010年达45%以上，这是我国能源领域面临的一项重大挑战。能源生产利用对健康和环境的损害是我国环境问题的核心，主要包括以下三方面的问题：

(1) 居民烧煤和柴草产生的室内污染对健康的影响；

(2) 交通运输和大量烧煤引起的城市大气污染；

(3) 农村过度消耗生物质能造成的生态破坏。

世界银行估计，1995年中国环境污染对不同范围造成的损失约为480亿美元，占当年国内生产总值的7%。如果我国继续依赖煤为主要能源，就必须找到用煤生产可用的能源的方法，而且CO_2排放量要大幅度降低。

1.3 化石能源利用产生的环境危害

长期以来，我国能源消费一直以煤为主。与石油、天然气等能源品种相比，煤炭在利用过程中会排放更多的有害物质，包括CO_2、SO_2、NO_x和烟尘等。据统计，我国每年排入大气的污染物中，约80%的烟尘、87%的SO_2和67%的NO_x来源于煤的燃烧。我国环境报告指出，1998年我国SO_2的排放量为2.09×10^7t，居世界第1位，酸雨覆盖面积已达国土面积的40%，烟尘排放量达1.452×10^7t。目前可采取燃烧前燃料脱硫和循环流化床脱硫技术控制工业排放的SO_2，一系列低NO_x燃烧技术及烟气脱硝技术也被大量商业应用，以便有效控制化石能源利用过程中 NO_x 的排放，而化石能源利用中发生量最大的一类污染物 CO_2 的排放和控制一直没有取得实质性的进展。

CO_2 是一种无色无味的无毒气体，我们每天都要吸入氧气，呼出 CO_2 气体，似乎感觉不到它的危害。大气中的 CO_2 却可以使太阳的短波辐射几乎无衰减地通过大气层，而将地表的长波辐射吸收，从而引起全球气温的升高，这种现象被称为“温室效应”，而 CO_2 则是最主要的“温室气体”。1896 年，瑞典化学家斯凡特·阿伦尼乌斯（Svante Arrhenius）断言，大气中的二氧化碳浓度增加一倍，将使全球地表平均温度比工业革命前上升约 3～5℃。据监测，1850 年以来，人类活动使大气中 CO_2 的浓度由 280×10^{-6} 增加到 1990 年的 354×10^{-6}。联合国政府间气候变化专门委员会（IPCC）在 1990 年气候变化第一次评估的报告指出，在过去的 100 多年中，全球地面平均温度上升了 0.3～0.6℃，地球上的冰川大部分后退，海平面上升了 14～25cm。1997 年，IPCC 发表了第四次全球气候变化报告，再次肯定了温室气体的增加将导致全球气候的变化。

有足够的证据表明，由于大气中 CO_2 等温室气体的增加，全球气候正在发生有史以来从未有过的改变。温室气体对自然界和人类的影响主要表现在以下几个方面：

（1）雪盖和冰川面积减少。数据显示，雪盖面积自 20 世纪 60 年代末以来大约减少了 10% 左右，而地面观测表明，20 世纪北半球中高纬度的河湖结冰期每年大约减少两个星期，非极区的高山冰川普遍退缩。

（2）海平面上升。温室气体导致的气候变暖，最重要的一个现象就是海平面上升。IPCC 第四次评估报告估计，到 21 世纪末，海平面上升的高度在 18～59cm 之间。海平面的持续上升将会使一些岛屿消失，人口稠密、经济发达的河口和沿海低地可能会遭受淹没或海水入侵，海滩和海岸遭受侵蚀，土地恶化，港口受损。

（3）气候灾害事件。气候变暖导致的气候灾害增多可能是一个更为突出的问题。与过去 100 年相比，自 20 世纪 70 年代以来，厄尔尼诺现象更频繁、持久且强度更大。在亚洲和非洲的某些地区，干旱的频率和强度在最近数十年都有所增加。

在地球长期演化的过程中，大气中 CO_2 的变化是很缓慢的，处于基本平衡的循环状态。正是由于人类的活动，特别是化石燃料的大量使用，导致了温室气体的不断增加。我国的能源生产和消费以煤为主，而且在未来几十年内不会发生变化，据预测，即使到 2050 年，我国煤在一次能源中的比例仍将占 58% 左右。未来虽然煤炭在我国一次能源消费中的比例将会有所下降，但煤炭消耗的绝对量仍将持续增加，由此产生的污染物对生态环境造成的压力也日益加重。因此，实现化石燃料的可持续利用，使其在使用过程中达到零排放，是实现能源可持续发展的关键。

1.4 化石能源的洁净转化

为有效解决气候变化和大气污染问题，又不抛弃传统的化石能源，寻找合适的载能体就成为当务之急。以氢作为能源载体的思想最早见于 1874 年法国小说家儒勒·凡尔纳写的一本科学幻想小说《神秘岛》。氢作为一种新型的二次能源，进行能量转换时的产物是水，可实现真正的污染物零排放，在未来可持续能源系统中，可望成为主要载能体[1]。我国是一个以煤炭为主的能源消耗大国，在这一基本国情下，未来半个世纪内，在氢源的选择上，化石燃料仍将扮演着非常重要的角色[2]。但化石能源向氢能转化的过程中将排放出大量的 CO_2，由此引起的温室效应会对生态环境造成严重的破坏[3]。据估计，一个生产能力为 $1.0\times10^8 m^3/d$ 氢的甲烷重整制氢（SMR）厂每天排放的 CO_2 为（3～4）$\times10^4 m^3$，如果采用煤气化制氢，其排放量将是 SMR 的两倍[2]。由于以化石燃料为基础的氢的生产过程排放的 CO_2 的量如此巨大，氢作为环境友好清洁能源的优点将会消失。因此，从化石燃料中提取大部分的能源含量同时又以二氧化碳的形式回收碳并防止其进入大气，成为实现化石燃料规模清洁利用的关键之一。

化石能源制氢技术是以含碳燃料为基础的氢生产技术，从不同的角度出发，技术方案也各有特点。国际上面向化石能源大规模高效制氢的研究工作已经开始部署。按气化原料不同，化石能源制氢主要包括煤制氢、甲烷重整制氢和生物质制氢等，前两者属于不可再生能源制氢，后者属于可再生能源制氢。按采用的技术方案不同，可分为部分气化氧化法、超临界法和一步制氢法等。

1.4.1 煤制氢

煤是世界上储量最多的一次能源，近年来，以其成本低廉、资源丰富而引起制氢技术研究者的关注。煤气化是指煤与气化剂在一定的温度、压力等条件下发生化学反应而转化为合成气的工艺过程[4]。煤气化制氢则是先将煤炭气化得到以 H_2 和 CO 为主要成分的气态产品（见图 1－1），然后经过 CO 变换和分离、提纯等处理而获得一定纯度的产品氢[5]。

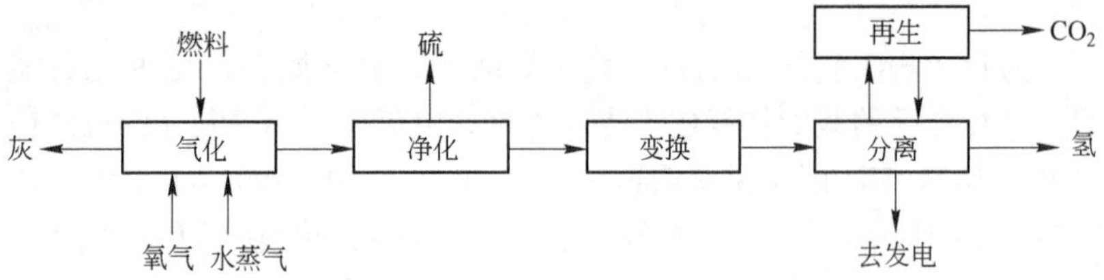

图 1－1 典型的化石燃料制氢过程

传统的煤制氢系统能量转换效率较低（50% 左右），另外，传统煤制氢过程涉及氧气与氮气的分离、CO_2 和 H_2 的分离、H_2S 和 COS 污染气体的脱除等很多工艺，具有设备复杂和不能真正实现污染物及 CO_2 的零排放等问题。

由于传统的化石能源制氢方法不能解决大规模高效清洁制氢的问题，各种新型化石能源制氢技术的研究工作开始部署。例如，美国已启动“前景 21”（Vision 21）计划[6~8]，它是美国能源部为开发超洁净化石燃料能源工厂而提出的，利用选择和配置的技术模型从进料当中生产预期的产品。其基本思路是：燃料以氧为气化剂，然后净化、变换、分离，以燃煤发电效率达到 60%、煤制氢效率达到 75% 为目标。其中的重要关键技术包括适应各种燃料的新型气化技术、高效分离 O_2 与 N_2、CO_2 与 H_2 的膜分离技术等。与传统的煤利用技术相比，“前景21”不再以单一技术为基础，而是多种技术的组合；它不再以单一的电为输出产品，而是电、化工产品、燃料和热等多产品输出。

Foster Wheeler 公司与美国能源部合作开发部分气化模型（PGM）[8]，它是“前景21”煤气化的几个关键部分之一。该模型能在比目前更低的温度下，将进料煤转化成比例可调的气体和洁净的固体燃料，且其系统效率大于60%。由于只是进行部分气化（碳转化率只需80%或更低），气化温度低，煤中的污染物进入合成气的量就少，这样对设备造成的腐蚀就小。因要求的碳转化率较低，低阶煤和石油焦也可作为进料。PGM 提供了原料灵活、操作方便的气化系统，采用流化床容易实现技术上的放大，并且建造、安装成本比较低。低碳转化率和低气化温度可以省去昂贵的换热器和气体净化系统，系统效率高。

美国 GE 公司（GEEER）与 Southern Illinois University 以及 California Energy Commission 合作开发了先进的气化—燃烧技术（AGC）[9~10]，目的是生产氢并同时固化 CO_2。该技术能够将煤转换为三股独立的气体——纯氢、便于固化的 CO_2 和高温高压的、可送入燃气透平发电的脱氧空气。与传统的气化—燃烧技术相比，AGC 方法效率较高，并且可以实现污染物近零排放。该系统采用最少量的后部净化即可获得高纯度的氢，产品中不再含 CO_2，且煤发电效率超过60%。

继“前景21”后，美国继续加大对煤制氢技术研发的支持。2003年，美国总统布什亲自发起了一个长达10年、耗资10亿美元的煤制氢项目——FutureGen[11]，其目标是设计、建造并运行275MW示范工厂，生产电力和氢能并实现零排放（至少封存90%的 CO_2，并可望未来实现100%封存）。

此外，美国国家能源技术实验室（NETL）也已经开始对煤气化制氢技术进行研发[12]，其目标是到2015年将能源效率提高到60%以上，投资成本每千瓦不大于850美元，并且原料和产品都要具有较大的灵活性，其关键技术是氢的分离与净化。美国 Las Alamos 实验室[13]提出了厌氧煤制氢的概念，采用加氢气化工艺，使氢先与煤反应生成甲烷，甲烷再与水蒸气反应生成 CO_2 和 H_2，此时将 CO_2 吸收，得到纯氢。得到的氢一部分回气化炉作为原料气，另一部分送至燃料电池发电，燃料电池废热用来将二氧化碳吸收剂再生。

2000 年，零排放煤联盟（ZECA）开始对煤气化制氢近零排放进行研究[13~15]，它沿袭 Las Alamos 国家实验室（LANL）提出的煤制氢概念，通过煤加氢气化、氧化钙吸收 CO_2、矿石固化 CO_2、燃料电池发电等过程，实现从煤到氢的转化。碳加氢气化生成甲烷的反应为放热反应，以氢作为气化介质，气化过程中不需要外界供热。气体产物进入重整反应器，与水蒸气反应生成 CO_2 和 H_2，而 CO_2 同时与 CaO 反应被排出系统。在煅烧炉中利用燃料电池排出的高温热加热碳酸钙，使其再生。据测算，该系统的发电效率可接近 70%，而且上述各过程分别在各自的反应器内完成，容易实现各过程的优化，但系统相对复杂，且要求气化炉的碳转化效率很高。ZECA 的目标是建立一个从燃料煤生产动力和氢并且向大气完全无排放的工厂，其前景是诱人的，但目前还未建立可操作的制氢系统试验装置，除了理论上的分析，其还需要做实际的验证工作。

1998 年，日本的煤利用中心（CCUJ）制定了基于超临界的HyPr－RING 的实验研究和开发计划[16~18]，其基本思路见图 1－2。从物料循环看，该过程由两个循环构成。第一个循环为 $H_2O \rightarrow H_2 \rightarrow H_2O$，水与煤反应产生 H_2 和 CO_2，H_2 与 O_2 反应生成 H_2O，并发电。第二个循环是钙的循环（$CaO \rightarrow Ca(OH)_2 \rightarrow CaCO_3 \rightarrow CaO$），$Ca(OH)_2$ 吸收 CO_2 形成 $CaCO_3$，提供水与煤反应需要的热，然后 $CaCO_3$ 再生，生成 CaO 和 CO_2，CaO 通过制浆以 $Ca(OH)_2$ 形式加入。目前该计划已经进行了方案的可行性分析与验证，正逐步进行反应器的放大实验研究。

在国内，煤气化制氢技术得到政府的极大重视，被列入国家重点基础研究发展计划（973 计划）和高技术研究发展计划（863 计划）。1998 年，中国科学院工程热物理所（IET）提出“直接制氢、矿石固化二氧化碳”的研究思路。该方法以煤等化石能源为主要原料，以大规模廉价高效制氢为目的，实现反应和分离的集成、吸热和放热过程的集成，达到 75% 以上的煤制氢效率的目标。该技术的基本思路如图 1－3 所示。

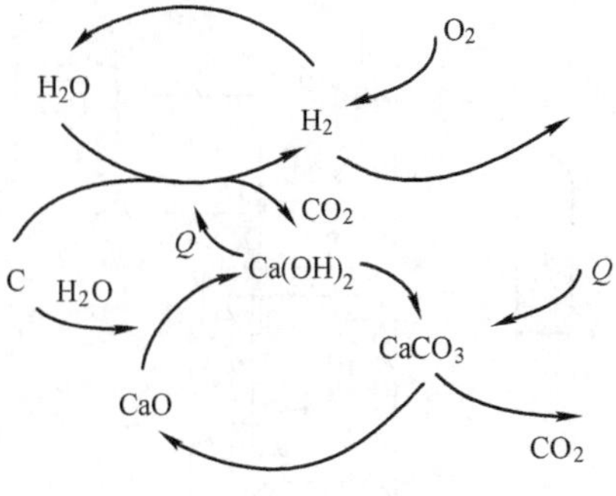

图 1-2 HyPr-RING 过程图

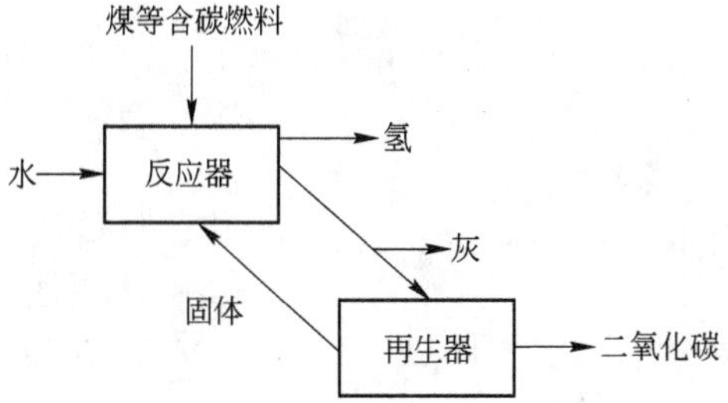

图 1-3 直接制氢技术思路图

直接制氢、矿石固化二氧化碳的过程需要一个主反应器和一个再生反应器。在主反应器中，气化反应和 CO_2 分离同时完成。再生反应器的热可由主反应器中未反应的碳、外部燃烧和高温废热等提供。依据要求，CO_2 可以完全纯态，便于最终处置。

IET 对煤直接制氢进行了热力学分析，并搭建了定容实验台（见图 1-4），开展了不同参数下的实验研究[19~21]。结果表明，高压中温条件下，化石能源直接制氢系统是可行的，其总反应为放热反应，在反应条件下可以实现热平衡。对不同反应条件下煤炭、各种生物质的直接制氢进行了定容实验研究，氢含量达到 80% 以上，CO 和 CO_2 的含量低于 0.1%。

目前连续的定压实验装置的搭建工作也已经完成（见图 1-5），将进行深入的实验研究。

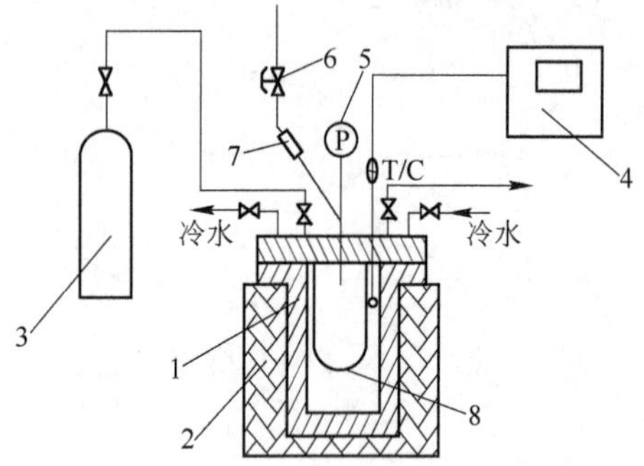

图 1－4 化石能源直接制氢定容反应装置

1—反应釜；2—电热炉；3—氮气瓶；4—温控器；5—压力计；
6—安全阀；7—防爆片；8—冷水管

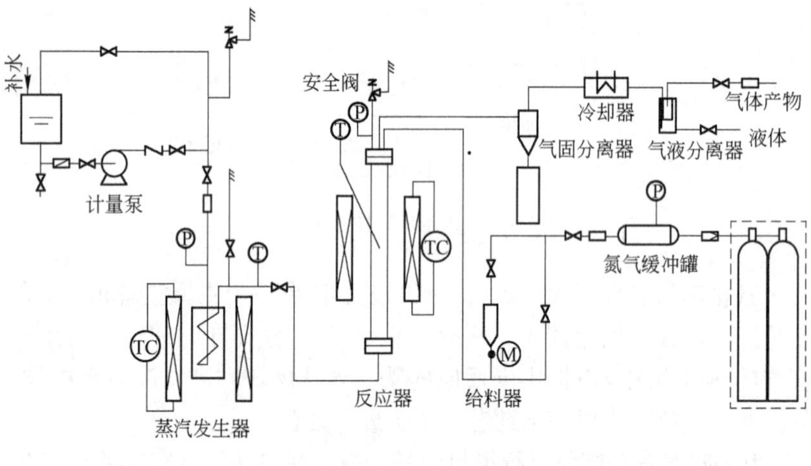

图 1－5 煤直接制氢定压实验流程图

1.4.2 生物质制氢

生物质气化一般是指将生物质通过热化学方式转化为高品位气体燃料或合成气[22]。生物质热化学转换制氢是指通过热化学方式将生物质转化为富氢气体，然后通过气体分离得到纯氢[23]。从化学组成角度考虑，生物质的硫含量和灰分含量较低，氢含量较高，更适宜于气化制氢。而且，生物质是一种可再生能源，对其进行研究也是可再生能源制氢中必不可少的部分。

美国夏威夷大学采用超临界技术进行生物质催化气化制氢[24]，以活性炭为催化剂，在600～750℃、20～35MPa条件下对甘油、葡萄糖、甘蔗渣提取液、污泥和土豆淀粉凝胶等进行了气化制氢实验，最终形成了富含 H_2 的气体产物和洁净的液态产物。还研究了常压条件下，反应温度、氧当量比、汽碳比等对产氢量的影响[25]。

此外，美国 General Atomics 公司[26]、土耳其 Nigde 大学[27]对污泥等生物质制氢进行了实验研究；德国 H. Schmieder [28]也建造了超临界水生物质催化气化实验装置，进行了香兰素、木质素和稻秆等的催化气化实验。土耳其 Ayhan Demirbas[29]以水果壳为气化原料，研究了低温超临界条件下，温度和压力对氢产量的影响。

国内这方面的研究工作也已经展开。西安交通大学[30]进行了超临界水生物质催化气化制氢的研究，对超临界下催化制氢的实验研究表明，葡萄糖的分解破坏率达到99%以上，该过程要求气化介质——水蒸气的压力较高，对设备的材料有更高的要求。中国科学院广州能源所[31]采用常压流化床反应器，研究了温度、水蒸气量等对气体成分、产氢率和潜在产氢率的影响。中国科学院工程热物理所[19]将“直接制氢”的思路用于生物质气化制氢，也取得了很好的效果。

1.4.3 甲烷重整制氢

甲烷重整制氢（SMR）自1926年第一次应用至今，经数十年的工艺改进，是目前已工业化了的通过天然气制氢应用最广泛的方法[32]。传统的SMR过程包括：原料的预热和预处理、重整、转换、CO的脱除和甲烷化。重整反应是一个强吸热反应，要求在高温下进行，一般反应条件是1.5～3.0MPa，850～900℃，采用 $Ni—Al_2O_3$ 催化剂，生成的 H_2、CO之比约为3。为了抑制炭沉积，需通入过量的水蒸气，原料气 H_2O/CH_4 的摩尔比为2～5。通常在催化剂里加入一定量的钾或碱土金属（镁、钙），加速炭从催化剂表面除去，并且产物中的CO和 H_2 还需变换反应进行调整，提高氢气产率。此反应的缺点是设备投资和能耗均很高。

美国的B. Balasubramanian等人[33]加入CO_2接受体，在实验室规模的固定床反应器上，对甲烷一步制氢进行了实验研究，分析了温度、水蒸气与甲烷比、气体进料速率等因素的影响。结果表明温度高于550℃时反应即可快速进行。

葡萄牙的波尔图大学[34]对吸收改性的水蒸气甲烷重整（SE-SMR）进行分析，用水滑石作为CO_2化学吸收剂，由热力学计算了物料平衡，考虑了氢的纯度、产率，甲烷的转化率，CO_2的浓度等，确定了低CO浓度下高纯氢的生产条件。开发了两段式（平衡转化部分和吸收重整部分）反应器，并进行了初步的实验研究。

挪威的能源技术研究所（IFE）[35]采用常压鼓泡流化床反应器，以白云石作为CO_2接收体，对吸收提高水蒸气甲烷重整（SE-SMR）进行了实验研究。结果表明，600℃时，平衡气体的氢含量大于98%，四个循环后干气体中氢的含量仍保持在98%~99%的水平。由于白云石吸收能力的下降，随循环次数的增加，总反应时间减少，但反应速率几乎不受影响。

清华大学根据化学链燃烧原理，提出了基于化学链燃烧的吸收增强式甲烷水蒸气重整制氢系统，并进行了化学平衡分析和热平衡分析[40]。结果表明，该过程甲烷转化率高，产品气中氢气浓度高，热利用率高，但系统的循环操作使得吸收剂的性能下降很快。

各国对制氢技术研发的支持力度正逐步加大，正是看中了氢作为载能体的独特优点以及与之配套使用的CO_2捕捉技术。只有两者的完美结合，化石能源利用才能实现真正的零排放。

1.5　化石能源直接制氢技术

化石能源直接制氢过程主要包含一个主反应器和一个再生反应器。在主反应器中进行水煤气反应（式（1-1））、变换反应（式（1-2））和CO_2吸收反应（式（1-3））构成的总反应（式（1-4））：

$$C + H_2O \longrightarrow CO + H_2 - 131.2kJ/mol \quad (1-1)$$

$$CO + H_2O \longrightarrow CO_2 + H_2 + 41.2kJ/mol \quad (1-2)$$

$$CaO + CO_2 \longrightarrow CaCO_3 + 178.8kJ/mol \tag{1-3}$$

$$C + 2H_2O + CaO \longrightarrow CaCO_3 + 2H_2 + 88.8\ kJ/mol \tag{1-4}$$

式（1-1）反应为强吸热反应，需要较高的反应温度（1000℃以上），而式（1-2）反应为放热反应，其发生的温度较低（400℃以下）。因此在传统的煤制氢工艺中，这两个反应需要在两个不同的反应器中进行。直接制氢中加入 CaO 后，式（1-3）反应是一个强放热反应，过程中放出的大量热可用于水煤气反应；对 CO_2 的吸收使式（1-2）反应的平衡位置向右移动，增加了 H_2 的产量，另外 CaO 作为传统的气化催化剂可有效提高反应速率，从而可使式（1-1）、式（1-2）和式（1-3）反应能在同一个反应器中进行。由式（1-4）总反应可以看出，主反应器为绝热反应器时，总反应对外放热。

在再生反应器中进行 $CaCO_3$ 的再生反应：

$$CaCO_3 \longrightarrow CaO + CO_2 - 178.8kJ/mol \tag{1-5}$$

在 $CaCO_3$ 煅烧过程中吸收的大量热被 CaO 带到总反应器中，为碳的气化提供必要的热量。

从式（1-4）总反应可以看到反应的气体产物只有 H_2。理论上，1mol 碳可以产生 2mol 氢，在制氢的同时实现了二氧化碳的同步固化。而 $CaCO_3$ 和未反应的碳等固体产物进入再生反应器中进行 CaO 的再生。所以，化石能源直接制氢近零排放过程可以实现一步直接制氢和二氧化碳等污染物的近零排放。

根据上述思路，图 1-6 为构造的煤制氢零排放系统实现流程之一。主反应器的产物通过热回收换热器和后冷器，进入三相分离器，得到氢、水和固体。水经过处理与补给水混合，回收主反应器产物的热，在再生反应器中得到进一步预热后，进入主反应器。$CaCO_3$、灰和未转化的碳组成的混合物进入再生反应器，$CaCO_3$ 被再生，然后进入主反应器。

以煤为气化原料，通过对直接制氢零排放系统的初步分析，经过系统模拟和优化综合，主反应器中部分碳转化时系统冷煤气效率可达 90%，可见该过程的前景是诱人的，值得开展更深入的研究。但值得关注的是，该过程中作为 CO_2 吸收剂的氧化钙在直接制氢过程中需要循环利用，它的性能直接影响着制氢系统的效率和产物的纯度，对其展开研究具有更重要的意义。

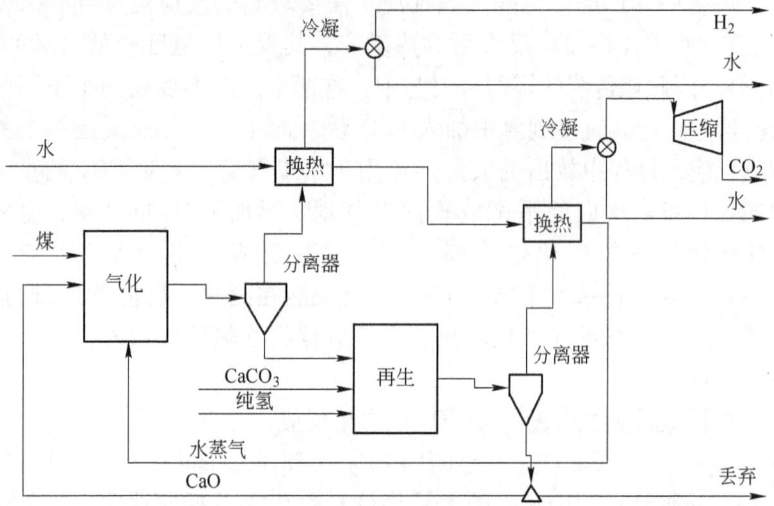

图1-6　煤制氢零排放系统

2 钙基 CO_2 吸收剂

化石能源的大规模应用为人类文明作出了巨大的贡献。然而，现行的能源生产、利用方式是不可持续的。要解决能源不可持续发展的问题并不是要排除对化石能源的使用，而是如何使用。在现有的技术经济条件下，依靠技术创新，可以较低成本实现对环境和气候的全面保护。

在当地和区域环境污染治理方面，已经有了明确、可行的解决方案可供选用，剩下的巨大难题是 CO_2 控制。2010 年 12 月 7 日，联合国气候变化大会在哥本哈根拉开帷幕，来自 192 个国家和地区的代表出席了这次峰会。现在，全球各国首脑希望人类在 2050 年时，把气温控制在不超过 1850 年时的 2℃。虽然各国的“减排目标”还处于拉锯战中，如何达到这些减排目标将是接下来各国关注的问题，于是，“碳捕捉技术”再次成为媒体关注焦点。众所周知，人类为防止气候变暖需要节能减排，特别是减少 CO_2 的排放。减排路径有许多，但对于以燃煤为主要能源的国家，减少燃煤使用代价高昂，因此 CO_2 捕集封存技术（CCS 技术）成为重要替代选择。对那些不愿改变能源消费结构的国家来说，这有极大吸引力。

国人也许对碳捕获技术稍感陌生，殊不知它“正是当今世界上国际最热门的气候变化领域最前沿、最重大的话题之一，国际政治领袖们无不投以巨大关注”。国外许多科研机构早已经从中嗅到了巨大的利益诱惑，并悄悄把目标瞄准了国内碳排技术市场。

目前国际上比较成熟的“碳捕获”是化学吸收法，简单来说就是利用 CO_2 和某种吸收剂之间的化学反应，将 CO_2 气体从烟道气中分离出来。目前科学家已经找到了多种性能优良而环保的吸收剂。还有一种方法叫“膜”分离法，化石燃料燃烧后的烟气在通过膜时被分类处理了，有的会溶解并通过，有的却被“拦截”了。据悉，目前国际上像美、英、挪威包括中国都有一些碳捕捉试验项目，其中碳的捕捉效率可以高达 90%。

近年来，利用钙基 CO_2 吸收剂高温分离出 CO_2，并在后续的过程中对 CO_2 吸收剂进行再生，同时产生易处理的高纯度 CO_2，成为实现 CO_2 近零排放的新型方法[36,37]。

用石灰石脱除烟气中的硫已是成熟技术，其研究结果已经有大量报道，而将钙基碳酸盐用于脱除 CO_2 却迟迟没有得到重视。虽然 DuMotay等人[38]早在 1867 年就申请了在碳的水蒸气气化过程中加入石灰以促进气化的专利。Curran 等人[39]又于 1967 年将这种原则应用到煤气化过程中。但当时 CO_2 的释放并不是一个关键问题，这种思想一度没有引起研究者的关注。直到近 10 年，结合近零排放的思想，这种气化思路重新引起研究者的兴趣[40~42]，并将其用于新型的化石能源制氢技术[43~49]。各国的研究相继开展，但基本处于探索阶段。

Silaban 等人[50]于 1995 年首先提出了利用吸收—煅烧的可逆反应作为制氢过程中高温分离 CO_2 的方法，并对吸收剂的循环特性进行了一系列的研究。首先研究了温度、总压力和 CO_2 分压对吸收反应特性的影响。实验条件为：煅烧温度 750 ~ 900℃，压力 0.1 ~ 1.5MPa（1 ~ 15atm），气体组分为 0 ~ 20% 的 CO_2，其余为氮气。CO_2 吸收温度 550 ~ 750℃，压力 0.1 ~ 1.5MPa（1 ~ 15atm），气体组分为 0 ~ 15% 的 CO_2，其余氮气。实验在高压电平衡反应器系统里进行，Cahn 型 C – 1100 电平衡反应室和管子由 316 不锈钢制造。固体反应物放在用镍铬耐热合金线悬挂的管子中的铂盘中，温度由安放在样本盘下面的 K 型热电偶进行监控。反应器的温度由刨分管式电阻炉保持，炉子上配置了微过程温度控制器。固体物质的重量和反应器温度的数据由装有 TGA 数据软件的电脑存储和处理。实验结果由活化度 R_i（1）和吸收力 C_i（40）以及活化度保持力 R_{ij}（1）和吸收力保持性 C_{ij}（40）来分析。结果表明，高压减小了煅烧的速率，而煅烧环境中存在 CO_2 则需要提高煅烧的温度。在适宜的条件下，第一次煅烧和第二次吸收时 CO_2 吸收能力减少约 15%，而恶劣的煅烧条件则会减少 30%。但随着循环次数的增加，吸收能力的下降变得很平缓。

此后，Silaban 等人又对白云石在 CO_2 吸收过程中的循环进行了研究，并与石灰石的性能进行了比较，认为活性保持方面白云石比石灰石性能更优越[51~52]。

Chun Han 等人[53]采用实验室规模的固定床反应器，对甲烷重整制氢过程中氧化钙吸收 CO_2 进行了研究，定义无量纲时间来表示反应进行的程度，分析了变换—吸收温度、气体空间速率以及进料气体的组分对吸收过程的影响。结果表明，大部分的实验工况中，有 99.9% 的 CO_2 被有效脱除，随循环次数的增加，排出的气体中 CO_2 和 CO 的含量增多，表明吸收能力有一定程度的下降。

Andreas 等人[54]对燃料重整制氢中气体在线吸收 CO_2 的条件进行了研究。用 TGA 研究分析了天然矿石（如石灰石、白云石、硅酸盐和合成吸收剂等）对 CO_2 的吸收性能及其在吸收—煅烧循环过程中的稳定性。实验仪器为 STA409 和 TGA - 50 型热重分析仪。实验结果由参数吸收容量和比容量来分析，吸收容量定义为第 n 次循环中吸收的 CO_2 的量与第一次循环中吸收的 CO_2 的量之比；比容量定义为第 10 次循环吸收的 CO_2 的量与样本最初重量的比。研究认为，白云石类的天然碳酸盐比较适合作制氢过程中 CO_2 的吸收剂，循环稳定性很大程度上取决于其化学组成。吸收剂中惰性成分的增加对循环稳定性有良性影响，而硅酸盐类矿石不适合作 CO_2 吸收剂。

Abanades[55]通过对 CaO 在不同条件下循环煅烧/碳酸化文献数据的分析，认为这些数据满足下式：

$$X_N = f^{N+1} + b \tag{2-1}$$

式中，X_N 表示第 N 次循环中，CaO 到 $CaCO_3$ 的转化率，$f=0.782$，$b=0.174$，两者均为常数。该公式与反应条件广泛的实验结果数据符合较好，且式子很简单，但在 $N=0$ 时，其无法实现归一。为了寻求更合理简单的预测吸收剂率减趋势的方法，Abanades 和 Alvarez[56~58]对 CO_2 与石灰反应时的转化极限进行了研究，分析了天然石灰石煅烧产物碳酸化过程中，CO_2 捕获能力的衰减。实验设备为 TGA 和小型固定床反应器。研究认为，吸收能力的损失是由于微孔的损失造成的，并且最大转化能力与循环次数的关系满足下面经验系数公式：

$$X_N = f_m^N(1-f_w) + f_w \tag{2-2}$$

式中，$f_m=0.77$，表示氧化钙微粒周围多孔性损失的百分数；$f_w=$

0.17，表示与大孔相邻的或粒子边界的多孔性损失的百分数。该经验公式满足起始转化率 $X_0=1$，且与文献结果吻合较好。因此，他们认为循环煅烧—吸收过程中吸收剂的最大转化率只与循环次数有关，对任意一次的碳化—煅烧循环，CO_2 与石灰反应的转化受小孔隙率的损失和大孔率的增加的限制。

Jinsheng Wang 等人[59]分析认为，式（2-2）包含两个参数，且是由一种吸收剂在不同循环条件下得出的，但却没有体现出与反应条件的相关性，于是提出用下式来预测不同吸收剂的衰减性能更为合理：

$$a_N=1/(1+kN) \tag{2-3}$$

式中，a_N 表示第 N 次循环中吸收剂的活性，其值定义为该次循环中吸收剂转化率与 $N=0$ 时吸收剂最大转化率的比；k 为比例系数，可根据吸收剂的不同衰减速率来确定。通过取不同的 k 值，他们以文献中石灰石和白云石的实验结果为基准，对经验公式分别进行了验证，相关性良好。

此后，Alvarez 等人[60,61]又对吸收剂活性衰减原因进行了深入的研究。对煅烧—碳酸化反应 100 次循环研究发现，吸收剂的失活主要是由于晶粒的生长和生成的产品层对 CO_2 扩散的限制所致，而孔的闭合和粒子的缩合也有较大影响；在碳酸化过程中，由快速的化学反应控制阶段向缓慢的扩散控制阶段转化时，生成的碳酸钙产品层的临界厚度约为 50nm。压汞分析表明对宽范围的吸收剂和实验条件，该值都是符合的。

Gupta 等人[62]认为，在氧化钙颗粒直径非纳米级时，颗粒本身的孔隙结构对转化率影响很大：微孔结构（孔径小于 2nm）更容易导致颗粒孔隙的堵塞；而中孔结构（孔径范围 5～20nm）的 CaO 颗粒在反应过程中的孔隙堵塞几率要小得多，从而提高了 CaO 颗粒的转化率。Iyer 对沉淀碳酸钙（Precipitated Calcium Carbonate）进行结构改性[79]，制备的钙基吸收剂孔径为 5～20nm，表面积为 49.2m^2/g，孔隙量为 0.17cm^3/g。该钙基吸收剂在 10% CO_2、700℃ 高温下反应性能良好。

C. Salvador 等人[63]研究了流化床燃烧器（FBC）中氧化钙对

CO_2 的吸收能力。首先验证在 FBC 环境中 Abanades 等观察的结果，即吸收剂最大转化率是循环吸收—煅烧次数的严格函数。同时考察几种吸收剂再生性，尤其是添加了碳酸钠和氯化钠的吸收剂以及纯 CO_2 气氛再生活性石灰。实验设备分别为 TGA 和鼓泡型 FBC，实验条件为：煅烧温度 850℃，吸收温度 700℃，气氛为 15% CO_2，其余为氮气，再活化气氛为 100% CO_2。实验发现，Havelok 石灰石的吸收能力与经验公式（2-2）吻合得很好，而 Cadomin 石灰石的吸收能力远低于经验公式曲线。而再催活实验，TGA 和 FBC 中表现出很大的不同：添加了氯化钠和碳酸钠的石灰石在 FBC 中吸收能力表现出戏剧性的下降，而在 TGA 实验中，添加碳酸钠没什么影响，但添加氯化钠使得最初的吸收能力下降 50%，之后的衰减便十分缓慢，到 13 个循环后下降到 40%。

K. Chrissais 等人[64]研究了过程参数对碳酸盐岩石的煅烧产物吸收 CO_2 时最大转化率的影响。实验主要采用非等温测量，用 CO_2 作为输送气体，研究不同化学计量数的白云石和方解石碳酸盐的碳酸化程度，同时研究两个参数——质量和加热、冷却速率对碳酸化程度的影响。实验设备为 SETARAM SETSYS TG-DTA 1750C 型分析仪。结果发现，碳酸化的程度主要取决于样本中是否存在白云石，且同时受杂质的影响，而且反应的循环性能下降。样本中方解石含量最高且杂质含量最低时，吸收程度不受质量与加热、冷却速率的影响。

之后，他们又以白云石和石灰石为对象，研究了烧结对钙基 CO_2 吸收剂最大吸收效率的影响[65]。结果发现，当最高煅烧温度相同时，碳酸化程度主要取决于白云石的含量，烧结对白云石的影响几乎可以忽略，尤其在最大加热温度为 1005℃时，而携带气体组分含量的影响很小。

Abanades[66]以 CaO 作为吸收剂，在流化床上对高温烟气进行 CO_2 分离处理，经过 11 次反应循环，CaO 的转化率由开始的 70% 下降到了 20%。

Koji Kuramoto 等人[67,68]对 HyPr-RING 过程中 CO_2 吸收剂（碳酸钙的煅烧产物）的循环性能进行了研究。采用实验室规模的水平管反应器，考察了不同碳酸化条件下，吸收剂循环性能的变化。用

SEM 和 X 射线对每次循环结束后的吸收剂和灰分分别进行了分析，比较了纯吸收剂和混合了高温灰的 CO_2 吸收剂的循环吸收特性，以及不同吸收过程下固体残留物的物理和化学特性，目的是确定吸收剂和煤灰的固—固反应是否对吸收剂的活性和持久性产生影响。结果表明，气化介质（水蒸气）的存在大大促进了吸收剂与煤中矿物质的固—固反应，形成了大颗粒的无机物，使得吸收剂的吸收能力下降。

之后，为了进一步分析 CO_2 吸收剂失活的原因，他们又对煤气化过程中的固—固反应进行了实验研究[69]。研究采用实验室规模的固定床反应器，压力为 6MPa，钙碳比 0.6，温度 600 ~ 700℃，煤粒有 38 ~ 75μm 和 180 ~ 250μm 两种，反应时间 0 ~ 120min，分析了不同温度下反应时间对碳转化率的影响。表明气化过程中形成的钙基共融物以及吸收剂与煤种的矿物质的相互作用是导致吸收剂失活的一个原因，应该根据不同的反应温度控制反应时间。同时，煤粒的大小对气化过程形成共融物也起很大作用，在固定床这样的反应器中，应该使参加反应的煤粒尽量小，且尽量缩短反应时间，抑制吸收剂和灰分的接触、反应。

国内对煅烧参数对石灰石活性的影响进行了一些实验研究，主要关注其在烟气脱硫中的应用[70 ~ 73]。而关于用 CaO 吸收 CO_2 的过程，目前只有清华大学的热能工程系开展了相应的研究[74,75]。他们以高温脱除化石燃料火电厂中排放出的 CO_2 为目标，以不参与反应的 $Ca_{12}Al_{14}O_{33}$ 作为载体和添加剂，制备 CaO—$Ca_{12}Al_{14}O_{33}$ 吸收剂，其具有较高的孔隙率、表面积和抗烧结能力，在 20% CO_2、700℃下经过 50 次循环吸收反应，仍保持 40%（质量分数）以上的吸收能力。

上述研究表明，钙基碳酸盐的煅烧产物，特别是 CaO，具有良好的 CO_2 吸收能力，在转化率达到 100% 的理想情况下，吸收量可达到 1g 吸收剂吸收 0.786g CO_2。出于原料来源、成本及制备工艺的考虑，CaO 被视为 CO_2 高温吸收剂的首选材料，一直受到关注。但是 CaO 颗粒与 CO_2 反应时，颗粒外层的 CaO 转化为 $CaCO_3$，其摩尔体积（36.9cm^3/mol）大于 CaO 摩尔体积（16.9cm^3/mol），因而易引起产物层微孔的堵塞，CO_2 难以扩散到颗粒内部与 CaO 进一步反应，导致 CaO 转化率下降。反应完全的吸收剂在高温下煅烧，$CaCO_3$ 分解为

CO_2 和 CaO，实现吸收剂的再生，从而可以循环使用。但是较高的煅烧温度下，CaO 颗粒容易烧结，引起表面积和孔隙率减少，也会导致吸收剂的转化率下降，影响其 CO_2 吸收能力。有关这些的研究已经展开，并将逐步深入。

对一些碳酸化/煅烧反应的可逆性研究表明，重新碳酸化（即再次吸收）在实际中远远不可逆。经过一个快速的、化学反应控制的初始阶段，随后是非常缓慢的扩散控制阶段。对于分离 CO_2 的吸收—煅烧一体化过程，研究者只对快速反应时期感兴趣。但煅烧条件以及随后进行的吸收条件不同时，对吸收剂的吸收性能到底有什么样的影响；对于自然界中众多的含钙矿石，什么样化学组成的更适合作为工业生产中稳定的化学吸收剂；既然在循环利用过程中，石灰石吸收能力的衰减是不可避免的，如何有效改善、减缓衰减速率等，都是需要进一步研究解决的问题。

3 化石能源气化制氢的热力学分析

3.1 化石能源气化制氢的热化学过程

煤等化石能源制氢时主要发生热化学反应，加热过程发生热解、气化和燃烧等过程，并伴随其他一系列复杂的物理化学变化。以煤为例，开始加热时，首先释出吸着在煤表面的水分和气体（甲烷、二氧化碳和氮等）；当温度达到200℃以上时，有机质开始分解；在300～600℃阶段，以解聚和分解反应为主，状态变化从软化开始，经熔融、流动和膨胀到再固化，其有机质分解为固定碳和气体混合物，而灰分几乎全部存留于残留物中[93]。析出的煤气成分除热解水、一氧化碳和二氧化碳外，主要是气态烃。

在气化炉内，干馏后的焦和气流中的 H_2O、CO_2、H_2 等反应，生成可燃性气体，主要发生式（1－1）反应。第二个重要反应为炉煤气反应，即碳与 CO_2 的反应：

$$C + CO_2 \longrightarrow 2CO \tag{3-1}$$

煤气中的甲烷，一部分来自煤中挥发物的热分解，另一部分则是气化炉内的碳与煤气中的氢气及气体产物反应的结果：

$$C + 2H_2 \longrightarrow CH_4 \tag{3-2}$$

$$CO + 3H_2 \longrightarrow CH_4 + H_2O \tag{3-3}$$

$$CO_2 + 4H_2 \longrightarrow CH_4 + 2H_2O \tag{3-4}$$

生成甲烷的反应，都是体积缩小的放热反应，在常压下甲烷生成反应速度很低，高压有利于反应进行。

另外，制氢过程中，气化炉内还发生另一个重要反应——变换反应（式（1－2）），或称为水煤气平衡反应，是气化阶段生成的 CO 与水蒸气之间的反应。由于该反应通常在气化炉煤气出口温度条件下达到平衡，因而决定了出口煤气的组成。

在化石能源直接制氢过程[19,36]中，加入钙基 CO_2 吸收剂后，气化反应器反应体系内还发生吸收反应（式（1-3）），从而有总反应（式（1-4））发生。

化石能源直接制氢过程加入 CaO 后，CO_2 的吸收使式（1-2）反应的平衡位置向右移动，增加了 H_2 的产量。另外 CaO 作为传统的煤气化催化剂可有效提高反应速率，从而可使式（1-1）、式（1-2）和式（1-3）反应能在同一个反应器中进行。

3.2 化石能源直接制氢可行性分析

对定温定压反应常用吉布斯自由能来判断一个化学反应能否自发进行和反应进行的条件。自由能可表示为

$$\Delta G = \Delta H - T\Delta S \tag{3-5}$$

一个反应能否发生的热力学判据如下：

$\Delta G<0$，反应可能发生；

$\Delta G=0$，反应可逆发生；

$\Delta G>0$，反应不可能发生。

在标准状态下，可由化合物的标准生成自由能来计算反应的自由能，见下式：

$$\Delta G^{\ominus} = \left(\sum v_i \Delta G_i^{\ominus}\right)_{\text{product}} - \left(\sum v_i \Delta G_i^{\ominus}\right)_{\text{reactant}} \tag{3-6}$$

式中，$\Delta G^{\ominus}$为标准状态下的反应自由能，v_i 为反应系数，$\Delta G^{\ominus}$为化合物的标准生成自由能。计算非标准状态下反应的自由能时，$\Delta G_i^{\ominus}$应为一定温度和压力时化合物的自由能，可由式（3-5）计算。

$\Delta G \leqslant 0$ 是恒温恒压反应自发性与平衡的判据，所以 ΔG 的符号指示变化的自发方向。对于恒温恒压的体系而言，当自由能变到最小时（$\Delta G=0$）出现平衡，并保持恒定不变（即自由能最小原理）。判断一个化学反应能否进行，除了利用自由能来判断外，用化学平衡常数也可以判断反应能否进行[21]。

平衡常数是化学反应达到平衡时，各物质平衡浓度间的关系，不同温度下的平衡常数可由自由能值通过下式求得：

$$\Delta G^{\ominus} = -RT\ln K \tag{3-7}$$

式中，R 为理想气体常数（8.314kJ/(mol·K)），对于气固反应的平衡常数，可取固体活度为1，即平衡常数中只有气体的分压或浓度。

本书研究的化石能源直接制氢发生的主要反应为式（1-1）反应、式（1-2）反应和式（1-3）反应。采用上述方法可以计算得到各反应的自由能和平衡常数，结果如图3-1～图3-4所示。

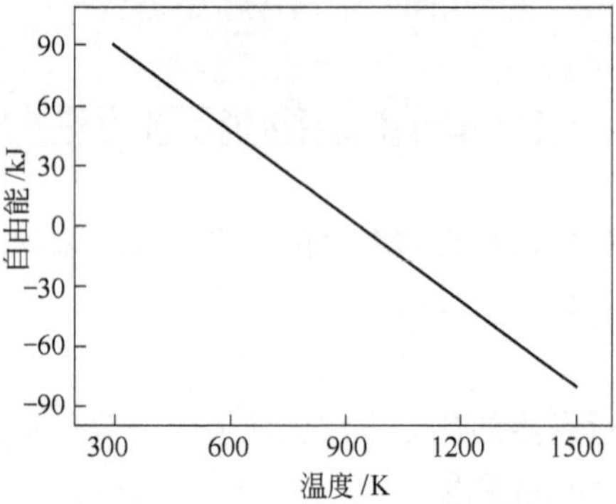

图3-1　式（1-1）反应的自由能

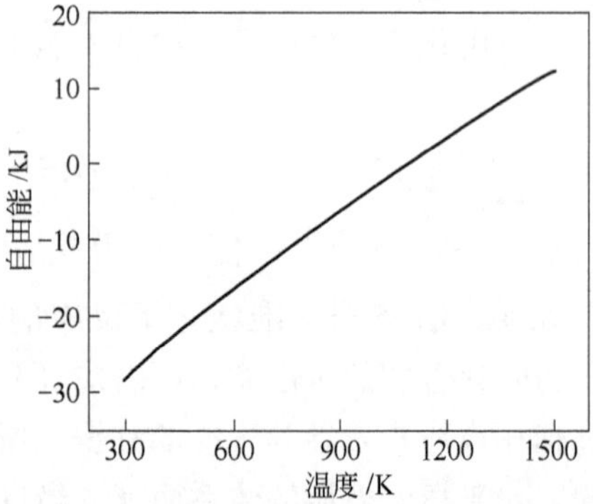

图3-2　式（1-2）反应的自由能

由图3-1可以看到，温度大于700℃时，式（1-1）反应的自由能小于0，说明式（1-1）反应只有在较高温度下才能自发发生。从图3-3可知，式（1-1）反应在较高温度下平衡常数较大，且随着温度的增加，其平衡常数增加较大。这说明温度越高，式（1-1）反应的平衡位置越向产物方向移动，产物中 H_2 的含量越大。

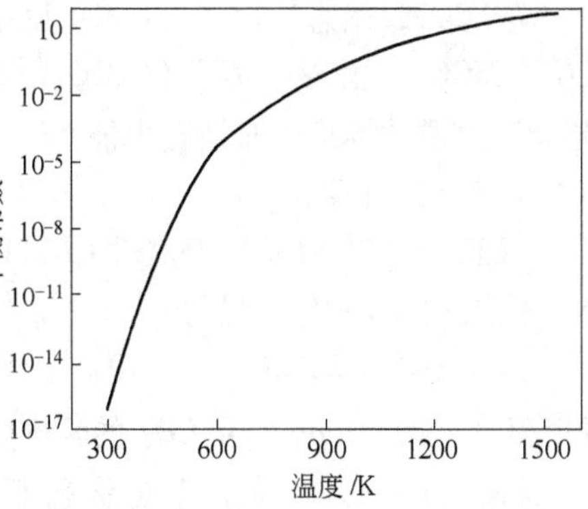

图3-3 式（1-1）反应的平衡常数

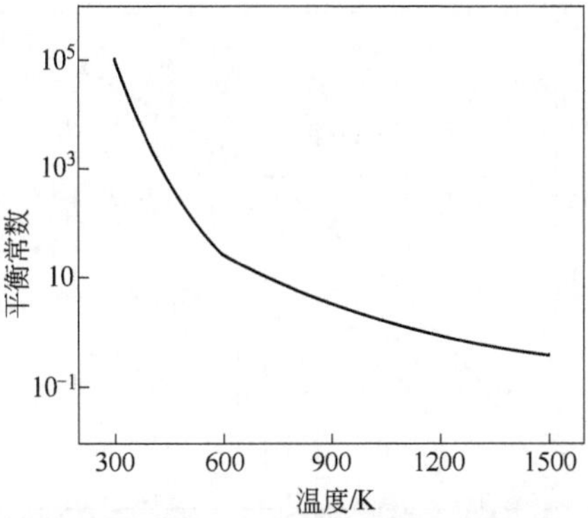

图3-4 式（1-2）反应的平衡常数

由图3-2和图3-4可知，式（1-2）反应的自由能和平衡常数与式（1-1）反应的变化趋势相反，这表明变换反应（式（1-2））在较低温度下才能发生，较高温度下几乎不能自发发生。因此，从热力学角度看，常规下，式（1-1）反应和式（1-2）反应自发发生的温度范围没有共同区域，这是传统煤制氢过程需在不同反应器中进行的原因。

二氧化碳吸收反应（式（1-3））是化石能源直接制氢中一个非常重要的反应。式（1-3）反应平衡时满足自由能为0的条件：

$$G(CaCO_3, 固态) - G(CaO, 固态) - G(CO_2, 气态) = 0 \quad (3-8)$$

固体的自由能可认为和压力无关，故存在：

$$G\ (CaO，固态) = G^{\ominus}\ (CaO，固态)$$

和
$$G\ (CaCO_3，固态) = G^{\ominus}\ (CaCO_3，固态)$$

其中，$G^{\ominus}$为单位摩尔物质的标准吉布斯自由能。

气体的自由能可按下式计算：

$$G\ (CO_2，气态) = G^{\ominus}\ (CO_2，气态) + RT\ln\ (P_{CO_2}) \tag{3-9}$$

将式（3－8）代入式（3－7），可得

$$\Delta G^{\ominus} + RT\ln(P_{CO_2}) = 0 \tag{3-10}$$

查物性表可以得到 CaO、$CaCO_3$ 和 CO_2 的标准自由能 $G^{\ominus}$等物性值[26]，从而可得到式（1－3）反应在平衡状态下压力和温度的关系，见图 3－5。

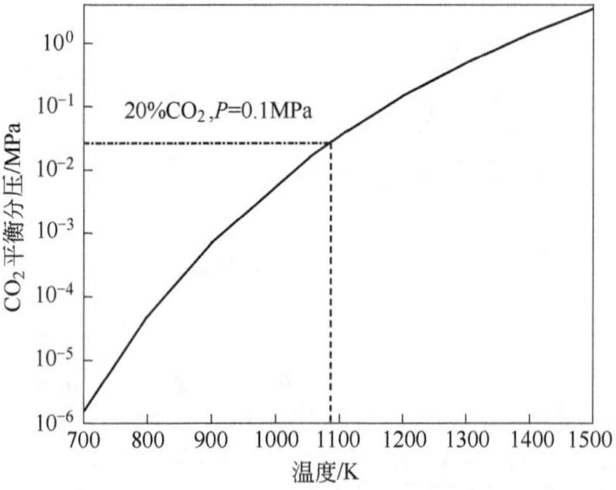

图 3－5　式（1－3）反应平衡时温度压力关系

水煤气反应（式（1－1））的进行需要较高的温度，而在较高温度下，CO_2 吸收反应（式（1－3））的产物 $CaCO_3$ 可能发生分解，从而抑制了 CO_2 吸收反应的进行。对于未加吸收剂的传统制氢过程，气体产物中 CO_2 的体积分数约 20%[19]，由图 3－5 可以看出，此时碳酸钙的分解温度约为 800℃。当温度高于平衡温度后，吸收反应将难以进行。因此，直接制氢的温度应控制在反应的平衡温度之内。

综上所述，从热力学角度看，CO_2 吸收反应破坏了热力学平衡对传统制氢反应的限制，使式（1－1）~式（1－3）反应能在同一个反应器内进行，直接制氢过程是可行的。

3.3 化石能源直接制氢的热力学模拟

3.3.1 化石能源制氢的热力学分析现状

对制氢过程进行热力学分析，可以给实验参数选择提供依据，也可以为目前难以开展的实验研究提供结果预测。科学研究只有将实验研究与理论分析有效结合，才能取得事半功倍的成果。

以 HyPr－RING 过程为基础，Lin[77]等人计算了煤、水和氧化钙的反应过程，气体混合物的平衡组分为91.0%的 H_2 和9.0%的 CH_4，冷煤气效率达0.77。在能量近似平衡的条件下，气化炉和再生器内转化的碳的比例为3∶2。

意大利的 M. Gambini 等人[78]分析了两种组合 H_2—O_2 循环的化石燃料制氢系统。SMR 与动力组合的系统总效率为21%～28%，煤气化与动力部分组合的系统总效率为28%～33%。CO_2 的相对排放取决于化石燃料技术和总效率，当 CO_2 脱除率为90%时，SMR 过程对 CO_2 的减排为82%，而煤气化过程减排87%。

韩国的 Deuk Ki Lee 等人[79]采用数学模型分析了催化水蒸气甲烷重整和利用氧化钙在线非催化脱除 CO_2 的混合系统。分析了氧化钙、甲烷的进料速率、反应温度等主要参数的影响。结果表明，对于钙基 CO_2 吸收剂，最优的操作温度为700℃，平衡气体的干基组分含量为94.0% H_2、2.5% CO、1.3% CO_2 和2.2% CH_4。

清华大学[80]用 Aspen Plus 对目前几种大规模制氢方法——甲烷水蒸气重整（SMR）、自热重整（ATR）、部分氧化和煤气化制氢进行模拟和能量及经济性分析。指出煤气化激冷—高温净化方案是最经济可行的煤制氢近零排放的方案。

王勤辉等人以 CO_2 接受体法为基础，分析了煤、水和氧化钙系统的热平衡状况[81]，并结合循环流化床燃烧气化技术，构建了一种新型煤燃烧气化集成利用系统，并在系统内实现污染物的近零排放[82]。

化石能源直接制氢是一个复杂的热化学过程，CO_2 吸收剂能否有效地发挥作用与系统操作参数的选择直接相关。因此，从热力学角度出发，计算确定 CO_2 吸收剂适宜工作的条件是十分必要的。

3.3.2 Aspen Plus 软件简介

Aspen Plus 化工模拟系统是美国麻省理工学院于 20 世纪 70 年代后期研制开发的大型化工流程模拟软件，由美国 Aspen Plus 技术公司于 20 世纪 80 年代初推向市场[83]。它用严格的计算方法进行单元和全过程计算，为企业提供准确的单元操作模型，还可以评价现有装置的操作或新建、改建装置的优化设计，是目前化工过程模拟软件的主要代表之一。Aspen Plus 功能齐全、规模庞大，不仅可用于化工过程模拟，而且可用于动力、煤炭、气体加工和环境保护等许多工业领域[84]。

本节采用 Aspen Plus 构建和计算系统的质量平衡和热平衡，基于 P－R 方程进行整个系统的物性计算。在 Aspen Plus 中，本节所研究的化石能源为一种非常规组分，只能进行质量平衡和热平衡的计算，化学反应只能在纯化学组分之间进行。为此，利用产率反应器 RYIELD，根据元素分析和工业分析所确定的物性，将化石能源分解成碳、氢、氧、氮、硫等基本元素和灰分（定义为非常规的组分），产物的量由自定义的 Fortran 模块确定。在分解模块中，化石能源的生成热通过燃烧热和生成热之间的经验关系式计算得到。

气化部分主要包括 RYIELD（产率反应器）和 RGibbs（最小吉布斯自由能反应器）两个模块。产率反应器的出口的物流直接送入 RGibbs 反应器内，与气化介质进行反应。产率反应器所需要的热量由 RGibbs 反应器提供。在 RGibbs 反应器中，基于最小吉布斯自由能的方法确定设定温度和压力下的产物平衡组成。

3.3.3 热平衡分析

考察反应的反应热可知其吸热还是放热，从而有助于确定适宜的反应条件。

定压反应热是恒定压力时反应的焓变，可根据下式计算：

$$Q = (\sum H)_{\text{product}} - (\sum H)_{\text{reactant}} \tag{3-11}$$

式中，Q 为定压反应热；$(\sum H)_{product}$ 为产物的焓值；$(\sum H)_{reactant}$ 为反应物的焓值。对标准状态下的反应热，可以利用标准生成热来计算反应热[85]：

$$Q = (v_i \sum \Delta H_i^0)_{product} - (v_i \sum \Delta H_i^0)_{reactant} \qquad (3-12)$$

式中，v_i 为反应系数；ΔH_i^0 为标准生成热，可以查热力图表得到。

对其他温度下的反应热可由基尔希浩夫定律进行计算：

$$Q_T = \Delta H_0 + \int(\sum C_{product} - \sum C_{reactant})dT \qquad (3-13)$$

式中，Q_T 为温度 T 时的反应热；ΔH_0 为标准反应热；$C_{product}$ 和 $C_{reactant}$ 分别为产物和反应物的比热，它们都是温度的经验式。

对于气体体系，压力对反应热的影响取决于体系中气体组分与理想气体的偏离程度。如果反应物和产物都具有理想气体的性质，则认为压力对反应热没有影响。对于非理想气体体系，可采用适宜的物性方程来计算气态物质在不同压力下的焓值，从而计算不同压力下的反应热。根据以上原理，用 P－R 方程预报体系中各物质的物性，可以计算一定温度压力下各反应的反应热情况。

为了确定化石能源直接制氢过程在实际反应条件下能否实现热平衡，以生物质（木屑）为例，计算了直接制氢过程中，主反应在不同条件下的热平衡情况，确定了过程的吸、放热情况。木屑物性数据见表 3－1，计算结果见图 3－6～图 3－9。

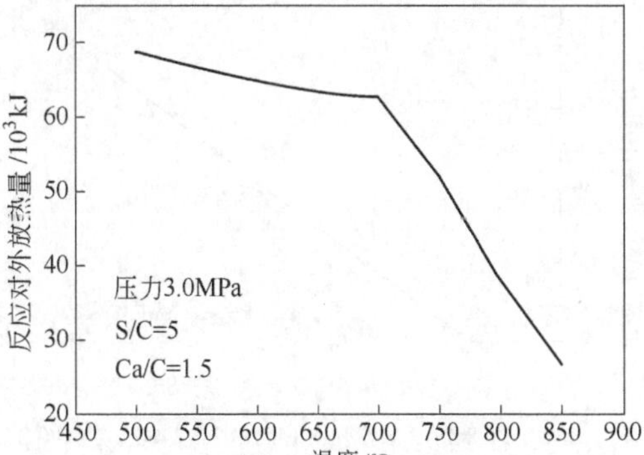

图 3－6 不同反应温度下主反应对外放热量

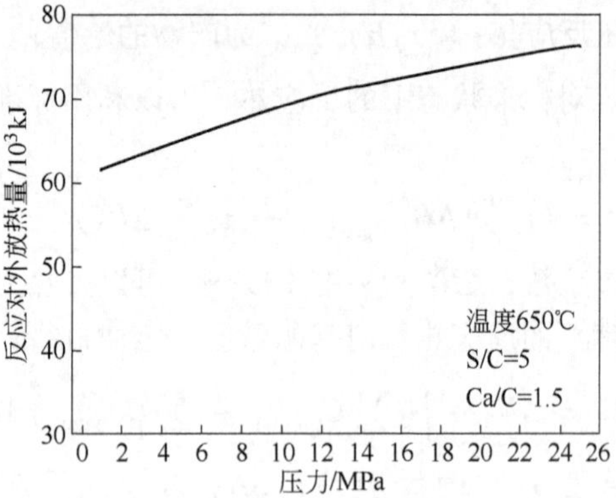

图 3-7 不同反应压力下主反应对外放热量

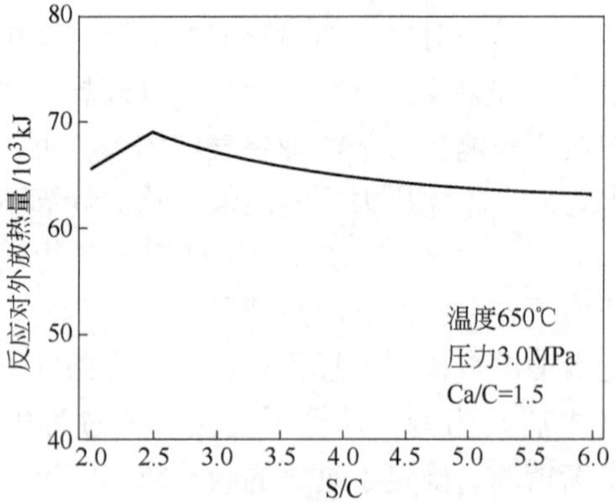

图 3-8 不同汽碳比下主反应对外放热量

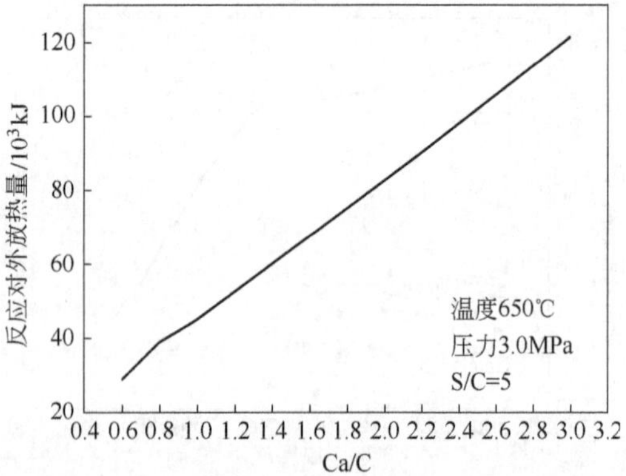

图 3-9 不同钙碳比下主反应对外放热量

由图3－6～图3－9可知，在计算条件下，主反应都是对外放热的，这说明直接制氢在宽范围内可以实现热平衡。随温度升高及压力的降低，反应对外放热量减小。由于随温度和压力的变化，体系中物质的焓值发生了变化，从而改变了过程对外的放热量。随水蒸气量的增加，主反应过程对外放热量先增加后略微降低，变化较小。而随吸收剂量的增加，过程对外放热量大大增加。

因此，在假设反应器为绝热的前提下，化石能源直接制氢过程在中温条件下即可达到热平衡，从而反应器内可以实现温度的自我平衡。

3.3.4　操作条件的影响分析

本节确定反应参数影响所采用的热力平衡模型的基本原理为：在给定的压力、温度和系统组成条件下，系统的总吉布斯自由能最小时，系统处于热力平衡状态，由热力稳定的化学组分和相组成。当该模型与包含比热容、焓和熵等物性的数据库结合，就可进行热力平衡计算。热力平衡模型可以预报一定温度和压力范围内各组分的形态和数量分布随温度、压力、反应物的量等的变化情况。

计算分析主要考察直接制氢过程中气体产物、固体产物以及碳制氢比率η[19]随分析参数的变化情况，并以气体产物中氢的干基百分含量和碳制氢比率为基准来确定直接制氢过程适宜的操作条件。碳制氢比率η的定义如下：

$$\eta = \frac{H_{\text{hydrogen}}}{4 \times C_{\text{coal}}} \qquad (3-14)$$

式中，H_{hydrogen}为气体产物中H的摩尔数，C_{coal}为反应物化石能源中碳元素的摩尔数。

3.3.4.1　CO_2吸收剂量的影响分析

CO_2吸收剂在化石能源直接制氢中具有决定性影响，在适宜的工作条件下，反应可以取得最佳结果。吸收剂的量对过程具有重要影响，它的量可能改变其他物料的转化情况。根据热力平衡模型，采用P－R方程预报体系物性，可计算出不同吸收剂量下体系的平衡组分，确定碳制氢比率及气体产物中各成分的含量。计算物料为木屑，其成分见表3－1，钙碳比 0.6～3.0。其他条件：木屑流量 100kg/h，温度 650℃，压力 3.0MPa，汽碳比 S/C 为 5，结果如图 3－10～图 3－12 所示。

表 3－1 含碳能源反应物成分分析（干基） （%）

物 料	工业分析			元素分析			
	灰 分	挥发分	固定碳	C	H	N	S
木 屑	1.86	79.55	14.83	46.21	5.56	1.2	0.018
秸 秆	4.82	74.64	16.68	42.56	5.38	1.18	0.021
甘蔗渣	1.39	83.79	12.31	46.99	5.62	0.71	0.032

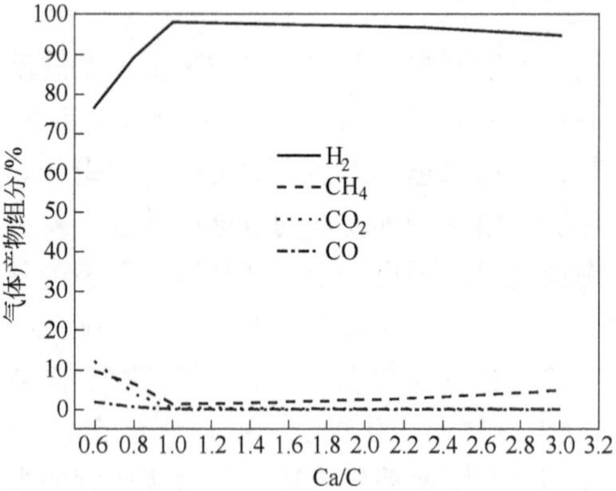

图 3－10 钙碳比对气体产物的影响

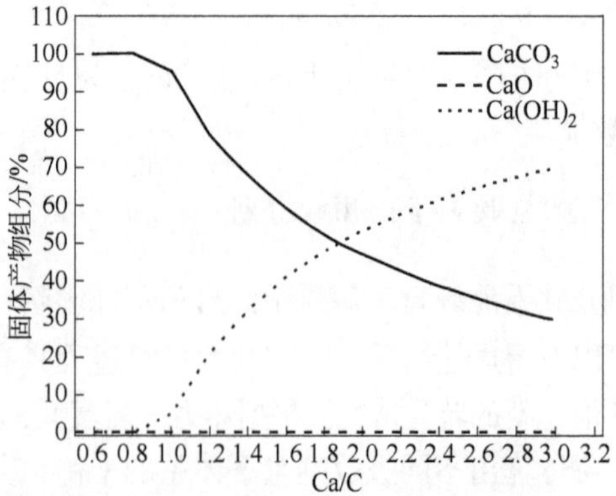

图 3－11 钙碳比对固体产物的影响

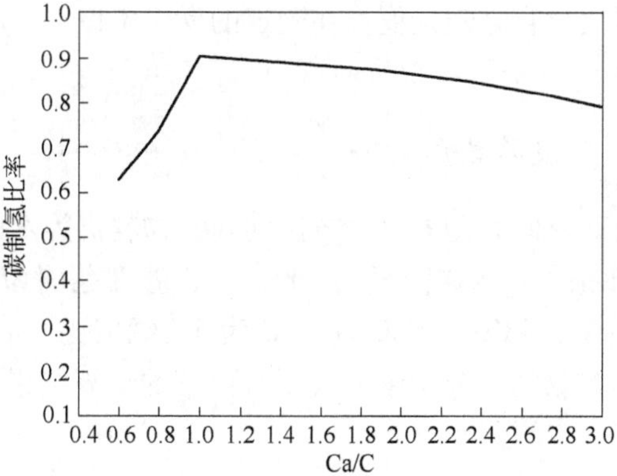

图3－12 钙碳比对碳制氢比率的影响

由图3－10可知，随Ca/C的增加（从0.6增到3.0），氢的量先增加后略减少，CH_4 的量则先减少后稍有增加。当Ca/C达到2.6时，气体产物不再随CaO量的变化而变化。此计算中，S/C＝5，当加入CaO量较少（如Ca/C小于1），其与水蒸气反应放出的热不足以促使C气化，此时C与生物质中热解放出的 H_2 反应生成甲烷，甲烷含量较高。继续加入CaO，C与水蒸气的反应得以充分进行，此时 H_2 的量不断增加，甲烷量减小。当CaO增到一定量时（如Ca/C大于1），水与CaO的优先反应使得与C反应的量大大减少，生成的 H_2 随之减少。

从固体产物来看，吸收剂转化成碳酸钙的相对比例在减少，转化成氢氧化钙的比例增加。这是因为理想情况下，按式（1－1）及式（1－2）反应最终由原料中的碳置换出的氢的量是一定的，由吸收反应（式（1－3））生成的碳酸钙的量也是一定的，而CaO的量却不断增加，于是过量的吸收剂与水蒸气反应，转化成了氢氧化钙，使得固体产物随吸收剂量的增加，产物中碳酸钙减少，氢氧化钙增加。

碳制氢比率随Ca/C的变化与氢的变化趋势类似（见图3－12），即随钙碳比的增加，碳制氢比率先急剧增加，从0.63增加到0.91，然后缓慢降低，变为0.79。其变化原因可以从氢的变化中得到类似的理解。

上述分析表明，吸收剂的加入对制氢过程产生巨大改善，但与其他反应物的量之比存在最佳值。在确定的反应条件下，应合理选择吸收剂的量。

3.3.4.2　温度的影响分析

分析温度影响时采用的物性方法同前，物料仍为木屑，其成分见表 3－1。其他条件：木屑流量为 100kg/h，温度范围为 500～850℃，此时压力固定为 3.0MPa，汽碳比 S/C 为 5，钙碳比 Ca/C 为 1.5。气体产物及固体产物的组分含量、碳制氢比率的计算结果见图 3－13～图 3－15。

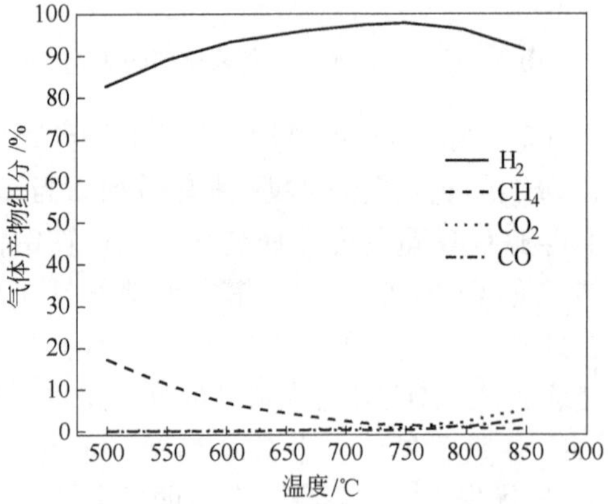

图 3－13　温度对气体产物的影响

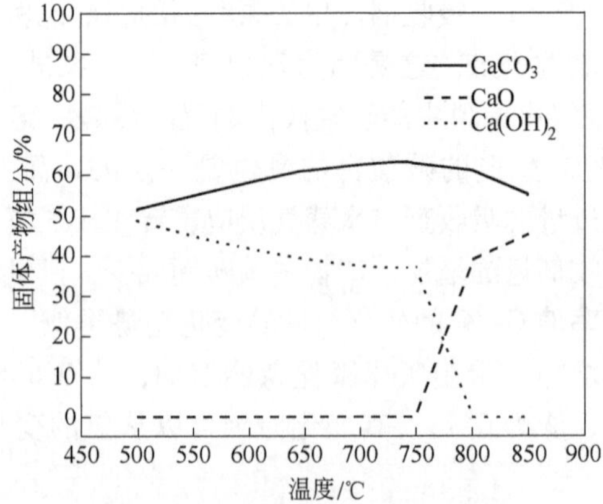

图 3－14　温度对固体产物的影响

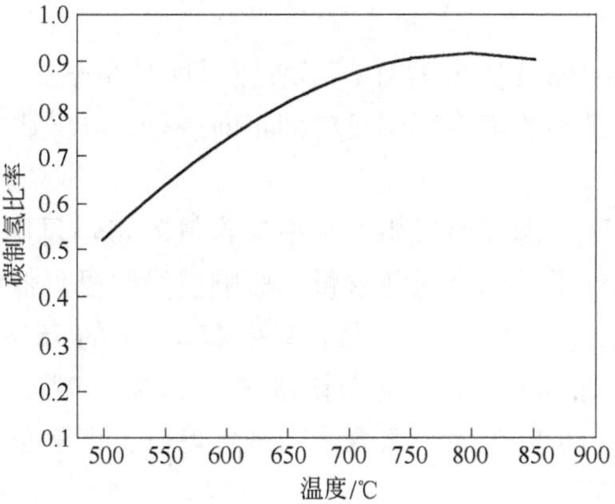

图 3-15 温度对碳制氢比率的影响

从图 3-13 可知，温度对气体组分有较大影响。在计算条件下，气体产物中 H_2 的含量达 82% ~96%，CO 和 CO_2 仅有 0.02% ~ 0.83%，其余为甲烷。从变化趋势看，随温度升高，气体产物中氢气含量先增加后减少，甲烷的含量急剧下降，CO 和 CO_2 略有增加。气体产物中大部分氢气均由水煤气反应和变换反应产生，还有少部分来自生物质中的挥发分。因水煤气反应是吸热反应，温度提高会促进反应，增加氢气的产量；而变换反应是放热反应，升高温度会降低氢气的产量，产物中氢气的含量取决于两者作用的综合结果。并且，当温度升高到一定程度时，式（1-3）反应开始有逆反应发生，即温度继续升高将抑制 CO_2 吸收反应的进行，所以总体表现为氢气的产量在高于某一温度时下降。甲烷一部分来自生物质的热解，另一部分来自甲烷化反应，高温可抑制甲烷化反应。

对于固体产物，由图 3-14 可以看出，3MPa 下，温度低于 750℃时，CaO 全部与水反应生成 $Ca(OH)_2$，随后大部分的 $Ca(OH)_2$ 与气化产物 CO_2 反应生成碳酸钙。当温度高于 750℃后，产物中的 $Ca(OH)_2$ 逐渐减少，说明此时的 $Ca(OH)_2$ 是不稳定的，部分脱水形成 CaO。当温度升高到 800℃后，产物中不再有 $Ca(OH)_2$，只有碳酸钙和氧化钙，说明 3MPa、温度高于 800℃时，氧化钙与水是不反应的。继续升高温度，碳酸钙开始分解，产物中碳酸钙的含量略微降低。

碳制氢比率随着温度的升高而增加，这是由于式（1－2）反应为吸热反应，升高温度有利于反应的正向进行，导致碳制氢比率随温度的提高而增大。

不同压力下，温度对气体产物中氢含量的影响见图3－16。由图可知，高压条件下，温度对氢含量的影响更为明显。低温高压对直接制氢是不利的，如10MPa时，氢含量由650℃下的76%变化到800℃下的90%，而5.0MPa下，该变化范围为82%～92%。相同温度范围，当压力进一步降低时，氢含量出现负增长，即随温度的升高，产物中氢含量降低。

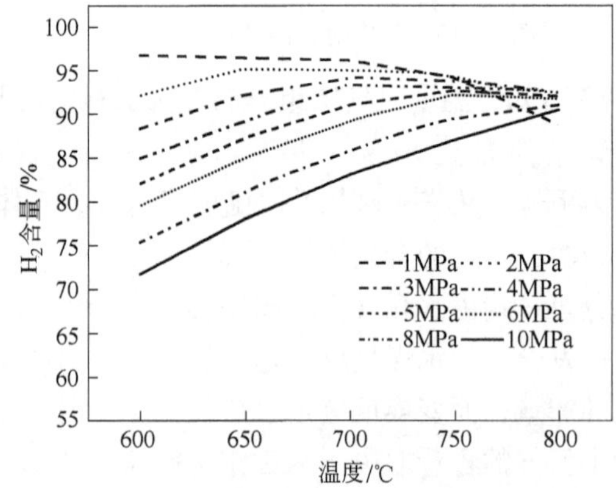

图3－16　不同压力下温度对氢含量的影响

综上所述，一定压力下，随着温度的升高，碳制氢比率增大；氢气的含量增加，在某一温度时达到最大，其后随温度升高而降低；甲烷的含量随温度升高下降；CO和CO_2含量极低，随着温度的升高略有增加。

3.3.4.3　压力的影响分析

对化石能源直接制氢过程来说，压力也是一个很重要的操作参数，其对过程目标具有重要影响。在分析压力影响时，采用的物性方法同前，物料仍为木屑，其成分见表3－1。压力计算范围0～

25MPa。其他条件：木屑流量100kg/h，温度650℃，汽碳比S/C为5，钙碳比Ca/C为1.5，结果如图3－17～图3－20所示。

由计算结果可知，随着压力的提高，气体产物中氢气含量先增大，在1.5MPa左右达到最大，再提高压力，氢气含量反而减小，表明在一定温度下存在最佳压力，在此压力下气体产物有最高的氢气含量。甲烷的含量逐渐增大，CO和CO_2的含量减小。

产物中的氢气主要来自水煤气反应和变换反应，因水煤气反应为摩尔数增大的反应，所以提高压力总是抑制其进行，从而使氢气产量减小；变换反应为摩尔数不变的反应，其进行有赖于CO_2的成功吸收，所以CO_2吸收反应间接影响变换反应的进行；而CO_2吸收反应为

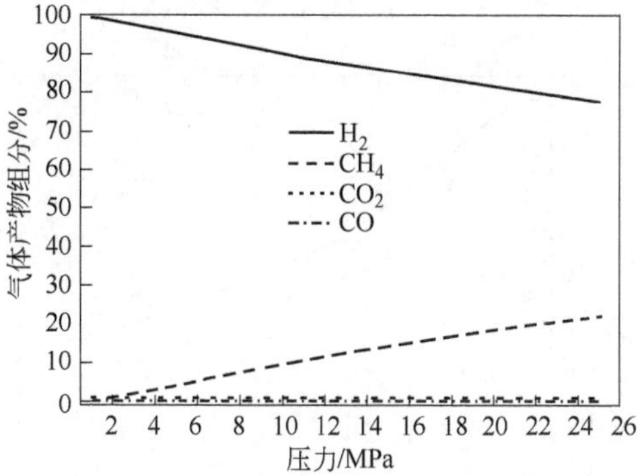

图3－17 压力对气体产物的影响

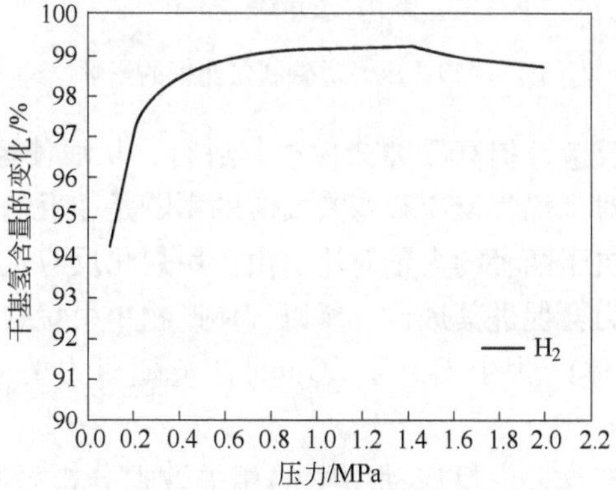

图3－18 压力对产物中氢含量的影响

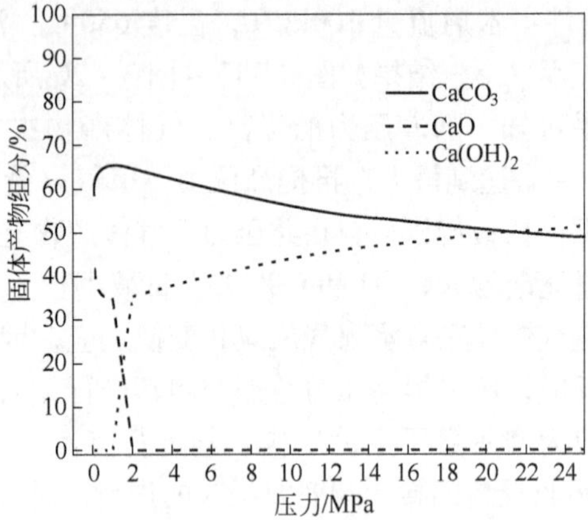

图 3－19　压力对固体产物的影响

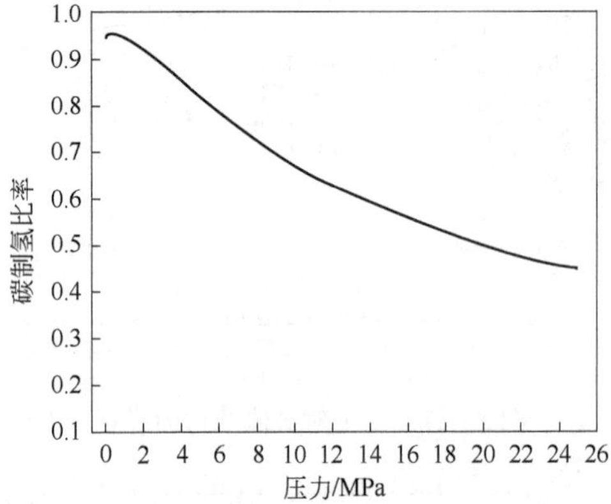

图 3－20　压力对碳制氢比率的影响

摩尔数减小的反应，提高压力会促进其进行，从而使氢气产量增大。可见提高压力对水煤气反应和变换反应的影响是相反的，最终体系中氢气的产量取决于两者的力量对比。由于甲烷化反应是摩尔数减小的反应，提高压力会促进其进行，所以气体产物中甲烷的含量随压力升高而增加。气体产物中 CO 和 CO_2 的含量随压力的变化同理可以解释。

对于固体产物，由反应动力学的相关数据分析可知，在 700℃、0.1MPa 下，CaO 与 H_2O 反应极慢，所以常压下，固体产物中 CaO 占绝大部分。当压力高于 1.0MPa 时，CaO 与 H_2O 迅速反应生成 Ca（$OH)_2$，并吸收 CO_2 生成碳酸钙。当压力达到 2.0MPa 时，CaO 全部生成 Ca（$OH)_2$。但随着压力的增加，氧化钙转化碳酸钙的量是逐渐减少的，大部分转化成了氢氧化钙。

压力对碳制氢比率的影响与对氢含量的影响类似。温度不变的情况下，低压范围内碳制氢比率较大，但随压力的升高，碳制氢比率先增大，后下降很快，到高压甚至超临界范围后，碳制氢比率已经相对稳定，但其已经从最高值 0.95 降到了 0.45。当压力升高到 5MPa 时，碳制氢比率降到约 0.82。

不同温度下压力对氢含量的影响见图 3－21。由图可知，低温条件下，压力对氢含量的影响比高温下明显。温度较低时，压力升高将大大降低产物中氢的含量，而高温时这种影响很微弱。如 600℃ 时，压力从 1.0MPa 增加到 10MPa，氢的含量由 96% 降到 72%，而 750℃ 时，变化范围为 94%～87%。

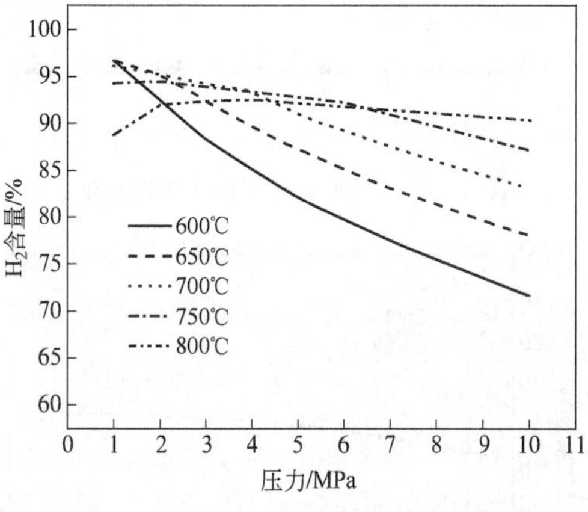

图 3－21　不同温度下压力对氢含量的影响

综上所述，为使化石能源直接制氢取得较好反应效果，需要选择适宜的温度和压力等反应参数。在一定范围内，提高温度和减小压力对化石能源直接制氢比较有利。根据本节的计算，对化石能源中的生物质直接制氢来说，吸收剂工作的压力范围以不超过 5MPa 为佳，具体的压力点还需要根据操作温度来定。

3.3.4.4　水蒸气量的影响分析

化石能源直接制氢过程中，除温度和压力外，气化介质——水蒸气也是过程中一个重要的原料，其对产物同样具有重要影响。物性方法及物料同前。汽碳比的计算范围取 2.0～6.0。其他条件为：木屑流量 100kg/h，温度 650℃，压力为 3.0MPa，钙碳比 Ca/C 为 1.5，结果如图 3－22～图 3－24 所示。

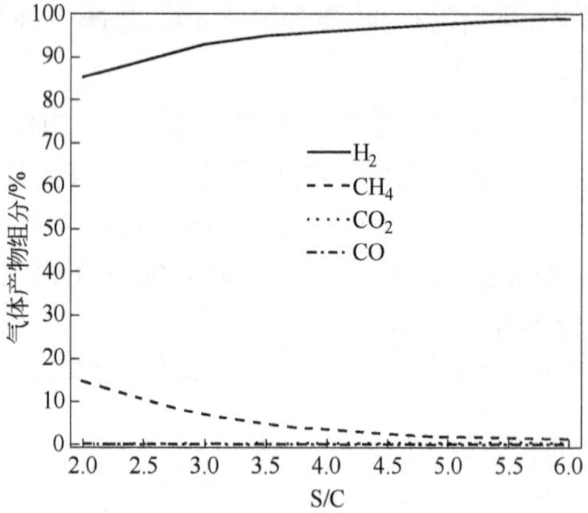

图 3－22　汽碳比对气体产物的影响

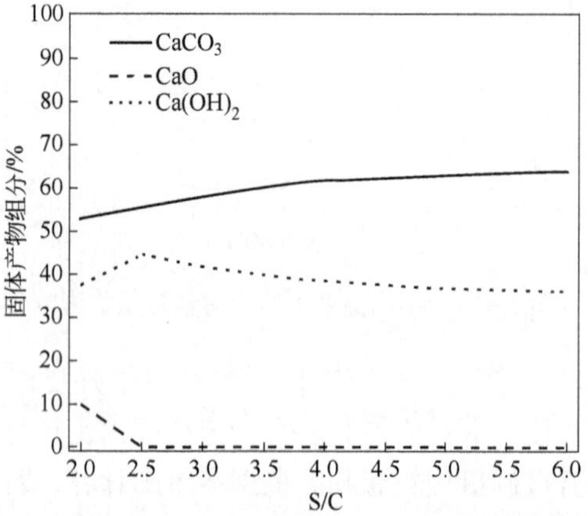

图 3－23　汽碳比对固体产物的影响

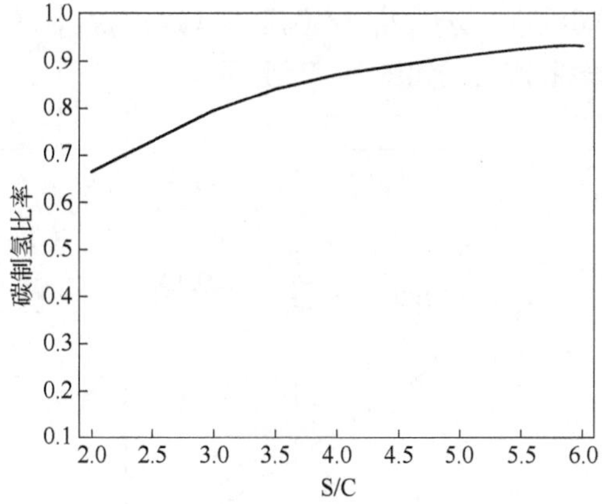

图 3－24 汽碳比对碳制氢比率的影响

由图 3－22 可知，650℃、3.0MPa 下，随着水蒸气量的增加，氢的含量迅速增加，由汽碳比 S/C 为 2.0 时的 85.2% 增加到 6.0 时的 98.5%。当 S/C 大于 3.5 后，氢含量的变化较之前平缓得多，而甲烷的量急剧下降，由 14.7% 降为 1.1%。CO 和 CO_2 的含量略有增加，但始终低于 0.5%。

固体产物中，随着水蒸气量的增加，氧化钙的量很快减少，当 S/C 达到 2.5 时，氧化钙全部转化为碳酸钙和氢氧化钙。吸收剂转化为氢氧化钙的量先增加后减少，而碳酸钙的量随水蒸气量的增加而增加。

随水蒸气量的增加，碳制氢比率显著增加，由开始时的 0.66 增加到 0.93。可见，增加水蒸气量对制氢过程具有积极影响。

由分析可知，过量的水可以抑制甲烷的生成。计算发现，当 S/C >3.5 时，气体产物中甲烷含量不到 5%。由此可以设想，如果主反应器中排除的水可以进一步利用的话，可以加入过量的水来抑制甲烷的生成，提高产物中 H_2 的含量。

3.3.4.5 直接制氢中吸收剂工作温度的确定

考察温度对过程的影响发现，升高温度可增加碳制氢比率和产物中氢的含量。而从吸收剂本身的工作条件来看，气化温度并非越高越好。下面就该问题进一步分析。CO_2、H_2O 与 CaO 和 $Ca(OH)_2$ 之间的反应的热力学平衡曲线如图 3－25 所示。

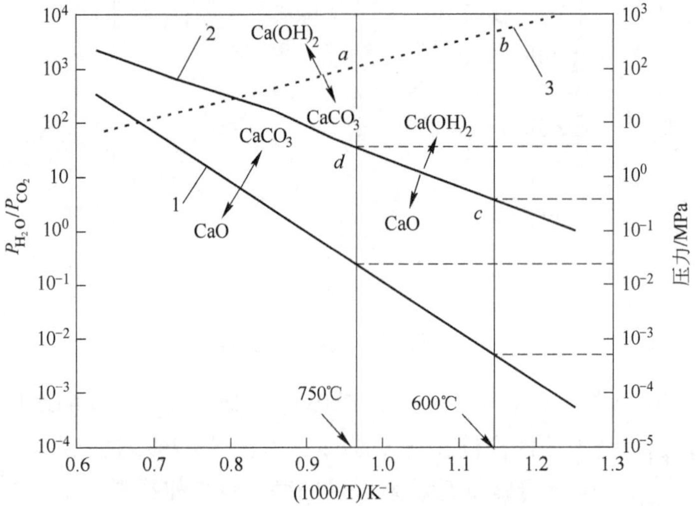

图 3－25　吸收剂转化过程平衡曲线

图 3－25 中，曲线 1 表示式（1－3）反应的平衡曲线，曲线的上方为碳酸化反应区，曲线下方为分解区。曲线 2 表示式（3－15）反应的平衡曲线，曲线上方为水合反应区，下方为 $Ca(OH)_2$ 的分解区。曲线 3 表示式（3－16）反应的平衡曲线，曲线上方表示 $Ca(OH)_2$ 的非吸收反应区，下方为吸收反应进行区。

$$CaO + H_2O \longrightarrow Ca(OH)_2 \tag{3-15}$$

$$Ca(OH)_2 + CO_2 \longrightarrow CaCO_3 + H_2O \tag{3-16}$$

未加吸收剂的常规气化过程，产物中 CO_2 浓度约为 20% 左右，常压下 CO_2 分压即为 0.02MPa。由图 3－25 可知，此时若温度高于 800℃，则式（1－3）反应根本就不会发生。结合温度和压力对固体产物的影响，温度过高且压力低于平衡分压，将对制氢过程产生抑制影响。而且，对吸收剂的循环特性研究（见本书第 4 章）发现，当吸收剂在与 CO_2 反应前先生成 $Ca(OH)_2$ 时，吸收剂的循环特性可以得到有效保持。结合直接制氢中存在高压水蒸气的特点，可以设想，在直接制氢过程中，尽量维持系统中存在生成 $Ca(OH)_2$ 的条件，使得 CaO 与 CO_2 反应前转化为 $Ca(OH)_2$。由图 3－25 可知，当温度达到 650～700℃时，要保证式（3－15）反应的发生，最小水蒸气分压为 0.9～1.6MPa。若气化压力增加，则氢含量减少、甲烷增加，且水蒸气分压增加到一定程度后，其与 CO_2 分压的比将超过临界值，$Ca(OH)_2$ 与 CO_2 之间将不会发生反应，吸收剂不能有效转化。综合各因素，图中由 *abcd* 围成的区域范围为适宜的温度范围。

图 3－26 为文献［86］给出的 $CaCO_3-Ca(OH)_2-CaO$ 共熔温度和压力区域图。

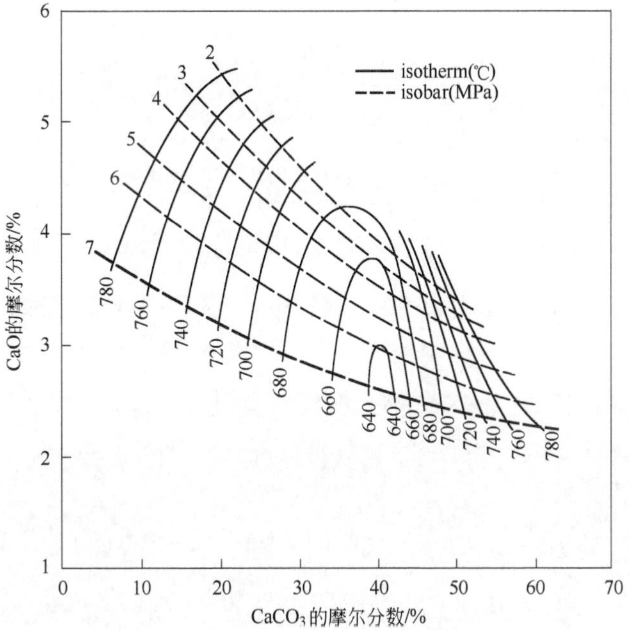

图 3－26 $CaCO_3-Ca(OH)_2-CaO$ 共熔温度和压力区域图

文献［86］的研究表明，三种状态的吸收剂在气化过程中同时存在时，形成共熔时 $CaCO_3$ 的含量范围比较宽，摩尔分数为 9.5%～64.5%。由共熔曲线图可知，三相系统中的压力越低，共熔越难以发生。如温度低于 650℃，无论三种固体的含量如何变化，压力低于

5MPa 的范围都不会发生共熔。且温度越高，越容易发生共熔，导致吸收剂失效。结合反应过程的动力学要求，要保证一定的反应速率，气化温度应在 600℃ 以上。而要保证气化产物中氢含量较高（<95%）且避免反应过程中形成共熔体，气化反应温度应不高于 700℃。因此，中低压范围内，化石能源直接制氢中，CO_2 吸收剂比较适宜的温度范围为 600～700℃。

4 实验验证吸收剂的工作条件

4.1 实验装置

本章以生物质为气化原料，对确定的化石能源直接制氢中吸收剂适宜的工作条件进行实验研究和验证，所采用的实验装置见图 1－4。

实验系统的核心装置为高温高压反应釜。反应釜内径为 63.5mm，容积为 500mL，主要承压部件的材料为 T316SS，釜体与端盖间接合采用“Split－Ring”技术，并附以耐高温的石墨垫片密封。反应釜端盖上配备压力、温度测量元件。为保证运行安全，釜体上还设置了安全阀和防爆片。使用 3kW 的电阻炉对反应釜直接加热。由温控仪根据加热炉内和反应釜内的温度控制反应釜的加热过程。辅助设备包括氮气清空以及反应产物分离等所需要的仪器设备。

4.2 实验的测量分析

实验的测量分析包括以下内容：

（1）温度的测量。反应釜内和加热炉内的温度测量均采用 K 型热电偶，其中反应釜热电偶通过承压套管进入反应釜内部，为常压工作状态。

（2）压力的测量。通过连接于反应釜端盖的高压隔膜式压力计直接测量反应釜内部压力。

（3）产气量的测定。采用容积法测定产气量。反应结束并冷却到 25℃后，打开阀门，气体产物进入装满饱和盐水的玻璃瓶，通过测量排出到量筒中的水的体积得到产气量。

（4）气体产物的分析。采用集气袋采集气体产物，定量分析采用 SP2100 型气相色谱仪、热导检测器，使用三根色谱柱分析氢气、甲烷、一氧化碳、二氧化碳、乙烷、丙烷、氧气和氮气等成分。

（5）固态产物的分析。过滤后得到的固态残渣用盐酸进行滴定，以确定生成碳酸钙的量，由此分析气化过程中转化成 CO_2 的碳的量。

4.3　实验步骤安排

在完成实验系统调试后，化石能源直接制氢实验步骤如下：

（1）将水、化石能源、吸收剂和催化剂等混合均匀放入反应釜内，密闭，用氮气进行空气的清空；

（2）将反应釜放入电阻炉中，连接热电偶和温控仪，进行加热；

（3）到达反应温度后，保持30min，反应压力由初始加入的水量来控制；

（4）反应结束后，关闭电阻炉，用风冷结合水冷，将反应釜内物质冷却到室温；

（5）打开放气阀，对气体产物进行收集，并进行产气量和气体成分的测定；

（6）由碳制氢比率的定义式分析实验结果，其中碳的摩尔数为反应开始时加入的碳的量，由物料分析数据计算得到。

4.4　实验过程及物料

将生物质、$Ca(OH)_2$ 和若干量水混合均匀放入反应器，反应压力通过加入的水量来控制，采用电热炉加热反应器到反应温度，通过温控器维持反应温度。反应结束后，通过冷却装置将反应器内物质冷却到室温，然后打开阀门放出气体产物，在25℃和0.1MPa时测量总气量，并进行气体成分分析。

实验除了考察温度、压力和吸收剂量的影响外，还对不同种类的生物质进行了实验，包括葡萄糖、木屑、秸秆和甘蔗渣，其分析数据见表3－1。因该实验中每个压力点对应一个加水量，所以汽碳比的影响不再单独分析。

4.5 实验结果及分析

采用式（3－14）定义的碳制氢比率 η 来考察化石能源中碳转化氢的效果，采用氢气和 CO_2 的百分含量来考察氢气在气体产物中的纯度及 CO_2 的脱除效果。

4.5.1 吸收剂的影响

改变 CO_2 吸收剂与反应物中碳的摩尔比进行实验，以此考察 CO_2 吸收剂对过程的影响。实验采用的 Ca/C 摩尔比分别为 0、1.0、1.5、2.0 和 4.0，气化温度 650℃，压力 2.0MPa，反应物为木屑，质量为 2g。结果见图 4－1 和图 4－2。

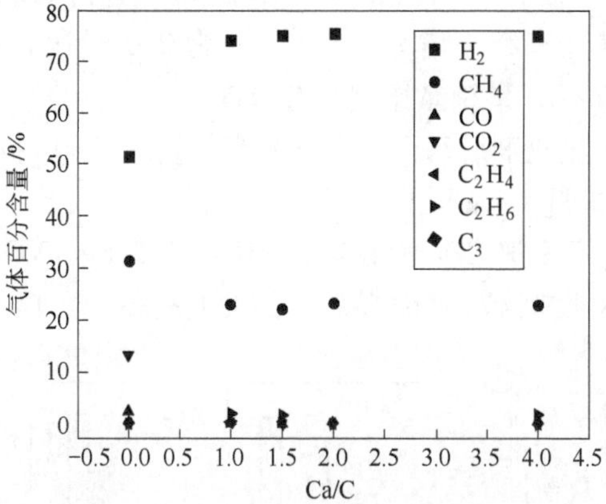

图 4－1 吸收剂量对气体成分的影响

由图 4－1 可知，如不添加 CO_2 吸收剂，产物中氢的含量较低，约为 50% 左右，而甲烷和 CO_2 的含量都比较高，分别为 30% 和 15% 左右；当添加 CO_2 吸收剂使 Ca/C 超过 1 后，氢气在气体产物中的含量大幅度提高，达到约 80%，同时甲烷的含量下降，约为 20% 左右，尤其是 CO_2 含量由 15% 减小到 0.5% 以下。随着 Ca/C 的进一步提高，氢气的含量继续提高，但提高幅度不大。

由图 4－2 可知，如不添加吸收剂，碳制氢比率较低，约 0.35；

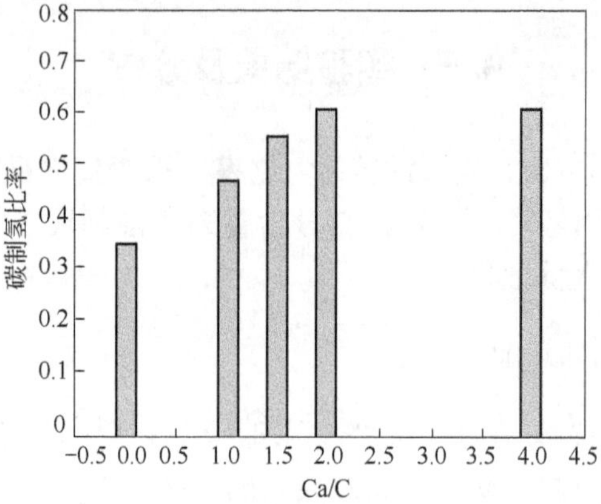

图 4－2 吸收剂量对碳制氢比率的影响

当 Ca/C 超过 1 后，碳制氢比率大幅提高，达到 0.5；进一步提高 Ca/C，碳制氢比率继续增大，当 Ca/C 为 2.0 时达到最大，约 0.6，此后再提高 Ca/C，碳制氢比例略有降低。

添加 CO_2 吸收剂后每百克木屑的产氢量（MH）和每克木屑的产气量（VG）如图 4－3 和图 4－4 所示。

可知，若不添加 CO_2 吸收剂，MH 约为 5.6g，VG 约为 1200mL；当加入 CO_2 吸收剂后，MH 和 VG 都大大提高，当 Ca/C 为 2.0 时，

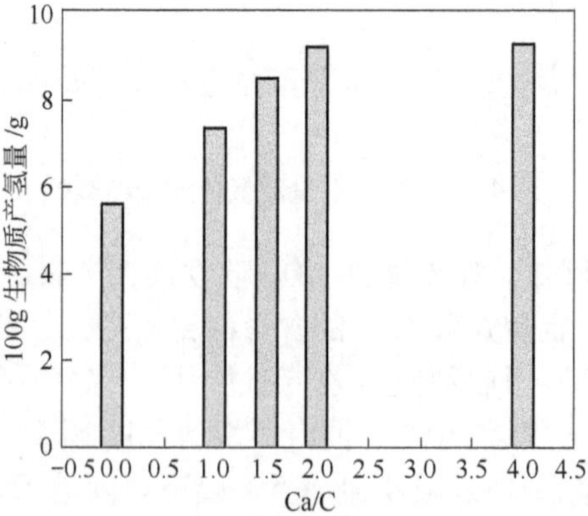

图 4－3 吸收剂量对产氢量的影响

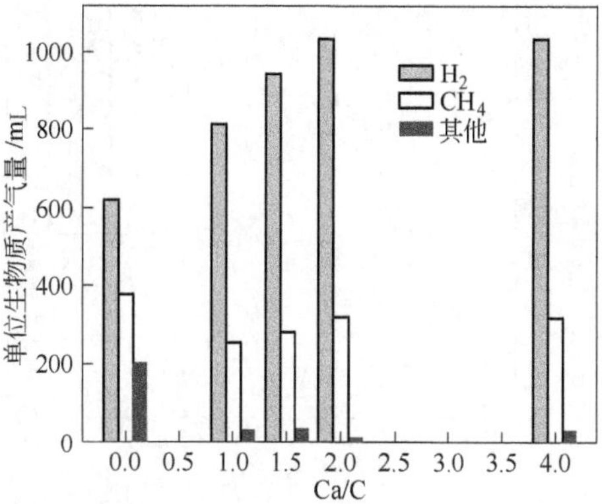

图4-4 吸收剂量对产气量的影响

达到最大值，分别为9.30g和1400mL。且在VG的较小增量下，氢的增量却很大，除氢和甲烷以外的其他气体的含量极低；进一步提高Ca/C，MH和VG略微降低，但变化不大。

上述分析表明，CO_2 吸收剂在生物质直接制氢中起着非常重要的作用，它不仅可以提高碳制氢比率和气体中氢气的含量，而且几乎将二氧化碳全部固定。但从图中我们还可以发现，CO_2 吸收剂并非越多越好，它与化石能源中碳的摩尔比存在一个最佳值。

4.5.2 温度的影响

反应温度分别为550℃、600℃、650℃和700℃，反应物为木屑，质量为2g，反应压力为10MPa，Ca/C为1.2。温度对气体产物的影响及对碳制氢比率的影响见图4-5和图4-6。

由图可以看出，生物质气化的最终产物中主要是 H_2、CH_4，其含量接近气体总量的90%，C_2H_6 的含量约为10%，其余为少量的 CO、CO_2、C_2H_4、C_3H_6 和 C_3H_8，它们所占比例为0~0.5%之间。在实验温度范围内，随温度的升高氢含量增量较小，且甲烷含量高于相同条件下煤气化时的甲烷含量，表明甲烷的生成与生物质气化同时进行，因此应重点考虑生物质所含官能团的影响。

在实验研究的温度范围内，碳制氢比率变化较小，介于0.20~

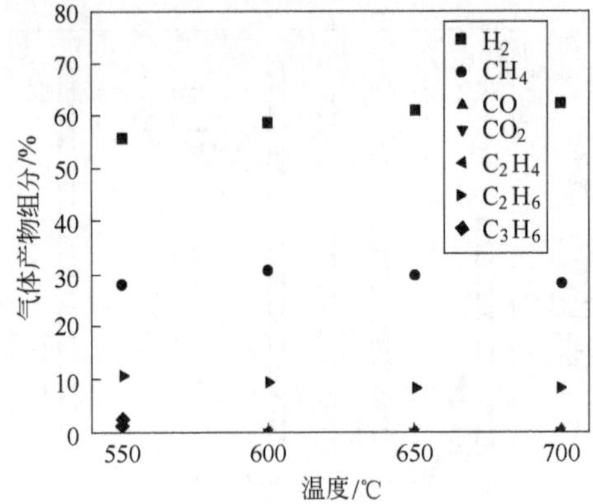

图 4-5 温度对气体产物的影响

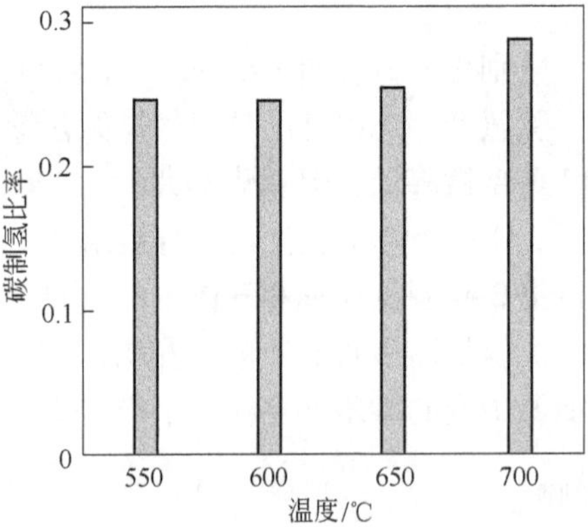

图 4-6 温度对碳制氢比率的影响

0.30 之间。由于实验压力比较高，气化生成了大量的甲烷与乙烷，使得碳制氢比率偏低。

由实验研究可知，在计算确定的温度范围内，生物质等化石能源可以被有效地转化，产生高浓度的氢。综合考虑气化过程所要求的反应动力学及维持 CO_2 吸收剂的循环特性等，化石能源直接制氢中，吸收剂在 600～700℃工作是非常适宜的。

4.5.3 压力的影响

计算分析结合早期的实验发现，高压对化石能源直接制氢是不利的，因此本节降低气化压力，对中、低压范围内的化石能源制氢进行了进一步的实验研究，同时对高压范围内的几个压力点进行了验证实验。气化原料为木屑，质量为2.0g，气化温度为650℃，Ca/C为1.5。图4-7为高压直至超临界范围内，气体含量随压力的变化图，图4-8为中、低压范围内气体含量随压力的变化图。

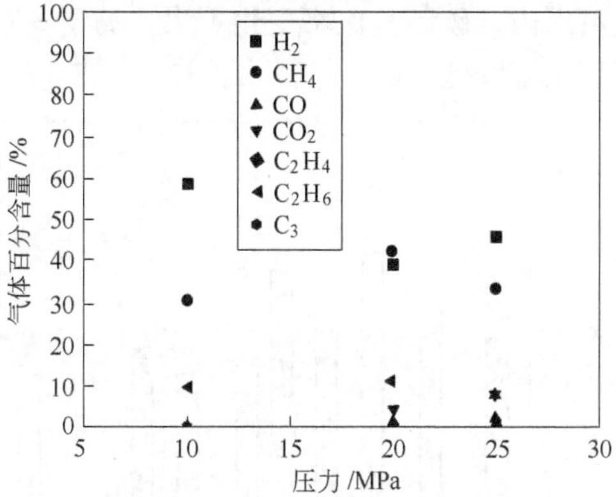

图4-7 高压范围压力对气体成分的影响

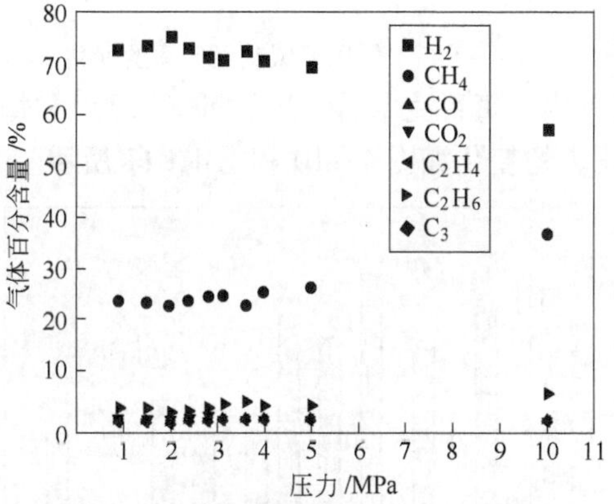

图4-8 低压范围压力对气体成分的影响

由图可知，尽管气体组分和碳制氢比率呈现不规则变化，但高压显著降低产物中氢的含量和碳制氢比率。压力低于5.0MPa范围内，氢含量受压力影响变化不大，保持在70%左右，并且2.0MPa存在最佳值，此时气体产物中氢的含量达75%；在10～25MPa的范围内，10MPa时氢的含量比20MPa时高，分别为58.8%和39.4%，进一步升高压力到25MPa时，达到超临界状态，这时产物中氢的含量又有升高，达到46.2%。

压力低于5MPa时，碳制氢比率随压力变化的实验结果如图4－9所示。可知该范围内，碳制氢比率变化不大，高于3.0MPa后，随压力升高，碳制氢比率降低。

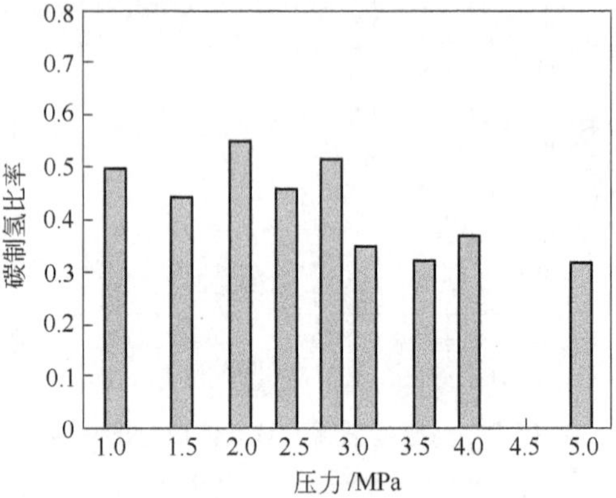

图4－9 中低压下碳制氢比率的变化

中低压范围内，每百克木屑的产氢量（MH）和每克木屑的产气量（VG）随压力的变化如图4－10和图4－11所示。

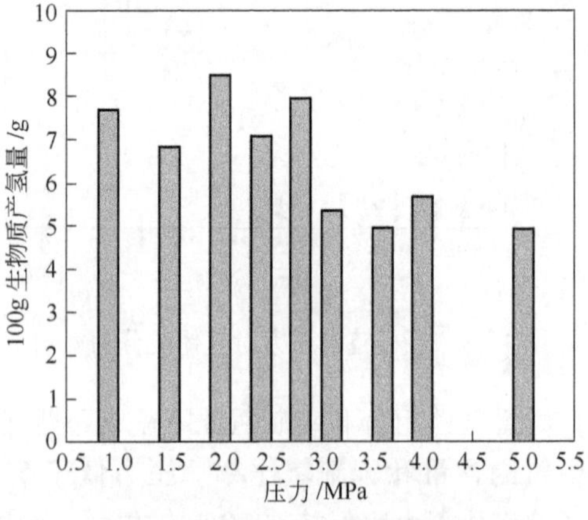

图4－10 压力对产氢量的影响

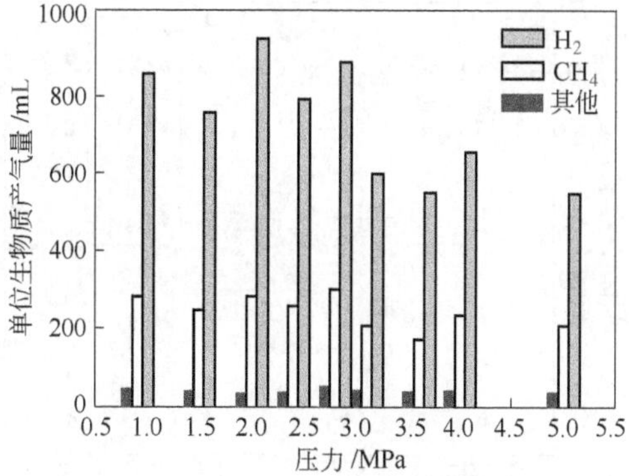

图 4-11 压力对产气量的影响

由图 4-10 和图 4-11 可知，与碳制氢比率的变化类似，低压更利于生物质的转化，且单位质量生物质的产氢量和产气量更高。

上述分析发现，低压对木屑等生物质直接制氢有利。而对煤来说，较适宜的气化压力约为 10MPa[23]。这说明化石能源直接制氢的压力范围较宽，并非简单的压力越高或越低越有利，需要根据气化原料的种类确定适宜的反应压力。同时也说明，对于生物质类的化石能源，计算确定的吸收剂工作压力是恰当的。

4.5.4 不同种类生物质的比较

为了分析不同种类的生物质在确定的温度压力范围内的转化情况，本节分别对葡萄糖、秸秆、木屑和甘蔗渣进行了实验研究，实验结果如图 4-12 所示。实验中生物质 2.0g，温度 650℃、压力 10MPa、Ca/C 为 1.2。

由图 4-12 可知，葡萄糖、秸秆和甘蔗渣气化产物的氢气含量相差不大，介于 45% ~50% 之间，木屑气化产物的氢气含量稍高，约为 58%。与煤相比[23]，秸秆等生物质因其挥发分含量较高，甲烷等烃类含量较高，接近 40%。另外，现有实验的冷却过程导致气体中部分氢转化成了甲烷，气体中甲烷含量增加。

不同种类生物质的碳制氢比率如图 4-13 所示，横坐标为不同种类的含碳能源，纵坐标为碳制氢比率。尽管生物质种类不同，但其碳

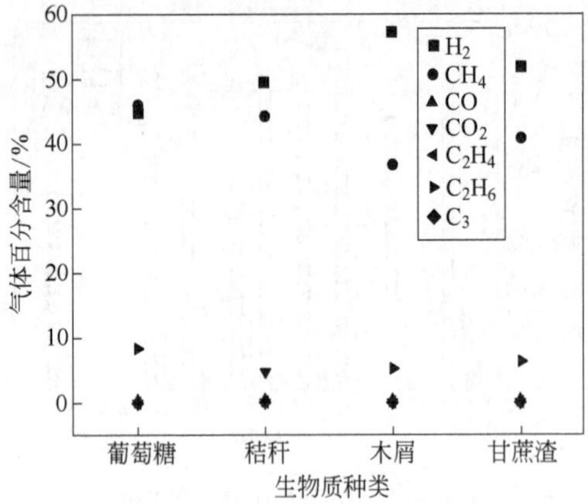

图 4-12 不同种类生物质的气体产物组成

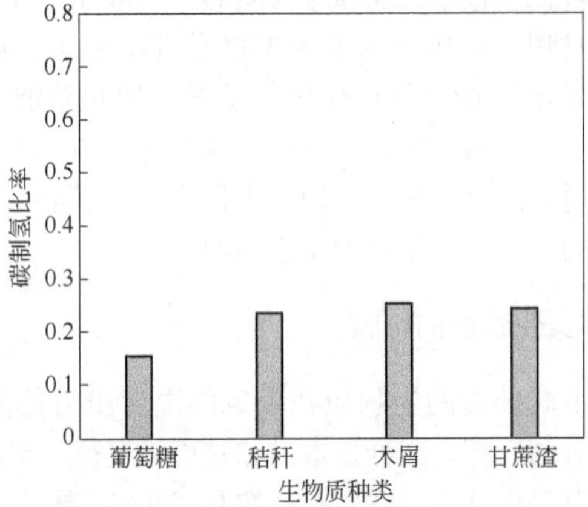

图 4-13 不同种类生物质的碳制氢比率

制氢比率却相差不大，在本节的实验条件下，秸秆、木屑和甘蔗渣约为 0.25 左右，葡萄糖略低，仅有 0.16。这主要是由于不同生物质所含的挥发分量和官能团的不同而引起的。

由实验可以发现，种类广泛的生物质均能在适宜的条件下实现一步制氢和二氧化碳等的同步脱除。但与煤相比，其产物中甲烷的含量较高，其具体的生成机理还需要进一步的研究。

4.6 实验结果讨论

根据木屑的元素分析组成，若只考虑主要元素，则木屑的摩尔基分子式可表示为$CH_{1.45}O_{0.76}$。用水蒸气作气化剂，化学平衡方程式可表示为式（4－1）和式（1－2）：

$$CH_{1.45}O_{0.76} + 0.24H_2O = CO + 0.965H_2 \tag{4-1}$$

考虑加入氧化钙作吸收剂后，发生反应为式（1－3）反应，总反应可表示为：

$$CH_{1.45}O_{0.76} + 1.24H_2O + CaO = CaCO_3 + 1.965H_2 \tag{4-2}$$

式（4－1）反应为吸热反应，其放热量取决于燃料的化学结构。可由木屑的高热值来估计其生成热。据分析，实验木屑的高热值为18.72MJ/kg，氧化反应为：

$$CH_{1.45}O_{0.76} + O_2 = CO_2 + 0.725H_2O \tag{4-3}$$

由此可确定标准状态下的生成热为121.33kJ/mol，式（4－1）反应的吸热量为68.83kJ/mol。式（1－2）反应为轻微的放热反应，放热量为－41.2kJ/mol，式（1－3）反应的放热量为－178.15kJ/mol，则总反应的热量为68.83－41.2－178.15＝－150.52kJ/mol。可见，CO_2的吸收反应可以提供燃料气化需要的热量。

根据上述转化路径，理想情况下，每千克木屑最大的理论产氢量为153.5g，约为一般气化时产氢量（60g）的2.5倍。但实际中因生物质分子结构和气化过程中分解的复杂性以及气化系统的损失和不可逆性，产量达不到上述值。本实验中每千克木屑的最大产氢量为93g，在温度650℃、压力2.0MPa、Ca/C为2.0时获得，是常规气化条件下的1.55倍，但仅为理想条件下的60.6%。

在温度650℃，压力2.0MPa，Ca/C为1.5时，计算值与实验值比较如图4－14所示。

由图4－14可知，理想热力学计算中，该反应条件下，产物中氢的含量达98%，而实验值仅为75%。这正是生物质分子结构的复杂性和实际过程的不可逆性造成的，同时也受测量手段的影响，但两者

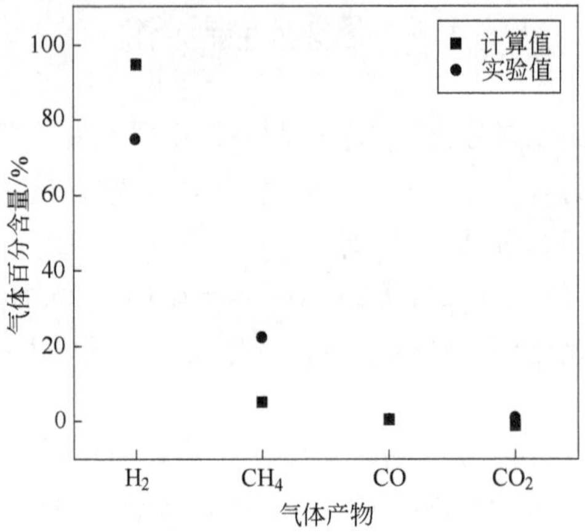

图 4 – 14　某工况下计算值与实验值的比较

的差别与由生物质的化学式计算得到的偏差一致，这也说明使用 Aspen Plus 软件模拟化石能源直接制氢过程是合理的。

本章在热力学计算分析的基础上，综合考虑了温度、压力、水蒸气的量和吸收剂的量在化石能源直接制氢过程的相互作用，以气化产物中氢的干基百分含量和碳制氢比率为主要考察指标，初步确定了直接制氢中 CO_2 吸收剂的工作条件。然后以木屑为气化原料，对 CO_2 吸收剂工作条件进行了实验验证。

本章的计算分析和实验研究表明：

（1）CO_2 吸收剂的加入对化石能源直接制氢和 CO_2 脱除具有积极作用，它提高了碳制氢比率，增加了气体中氢气的含量。

（2）温度对化石能源直接制氢过程的影响较为显著，在一定范围内，提高温度可以增大碳制氢比率和气体产物中氢气的含量。但过程中各产物的量一定时，温度过高将使吸收反应很难进行，并对吸收剂循环特性产生不利影响，所以碳化石能源直接制氢过程中，CO_2 吸收剂适宜的工作温度范围为 650 ~ 700℃。

（3）根据化石能源种类的不同，压力选择的范围较宽。低压更利于生物质类的化石能源直接转化为氢。在确定的温度范围内，生物质类化石能源直接制氢的压力范围为0.6～3.0MPa，且在一定的温度下，对应着一个最佳的压力点，在该条件下，吸收剂的加入可以使氢含量和碳制氢比率最高。

气化介质——水蒸气的量也对制氢过程有比较重要的影响，过量的水蒸气可以有效地降低气化产物中甲烷的含量，并有助于维持系统中存在$Ca(OH)_2$，削弱吸收剂循环性能的衰减。

5　CO_2 吸收剂循环特性实验研究

化石能源直接制氢过程中，CO_2 吸收剂起着非常重要的作用，对传统的化石能源制氢进行了革命性的改善。化石能源直接制氢过程要求钙基吸收剂能够多次循环利用，以减少运行过程中对吸收剂的补充，而一些研究表明，在实际应用中，钙基吸收剂在重复的碳酸化和煅烧过程中，过程是远远不可逆的。这也说明，吸收剂的性能在循环利用过程中会发生衰减。因此，根据 CO_2 吸收剂在直接制氢过程中的工作条件，分析引起吸收剂性能衰减的原因具有非常重要的意义。

本章将利用固定床反应器对吸收剂的循环特性进行实验研究，并对实验结果进行相应的分析，以便为进一步改善吸收剂性能提供依据。

5.1　实验装置

CO_2 吸收剂的循环煅烧和碳酸化研究是在实验室规模的小型固定床反应器内进行的，装置如图 5－1 所示。

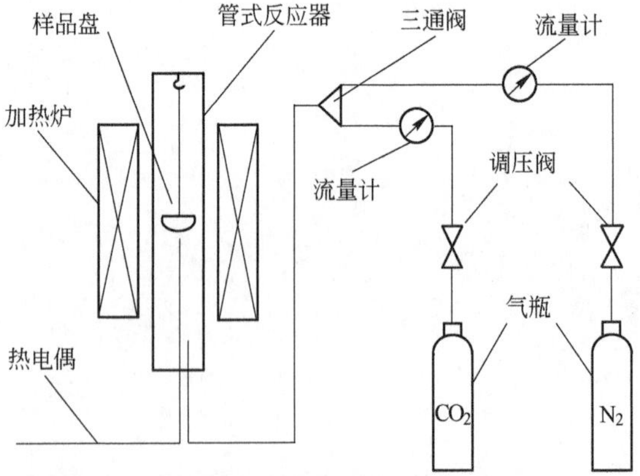

图 5－1　吸收剂循环特性实验装置

该固定床反应器为内径26mm、高1m的321不锈钢圆管，放在竖直管式加热炉内。310S不锈钢制成的样品盘沿垂直轴悬挂，反应器内的温度由样品盘底部的K型热电偶测量。反应气体由两个高压气瓶提供，气瓶出来的气体经减压阀后流过两个流量计。该流量计为国产玻璃转子流量计，其主要测量元件为一根小端向下、大端向上垂直安装的锥形玻璃管，内有可上下移动的转子。经流量计的流体流量与浮子上升高度，即与流量计的流通面积之间存在着一定的比例关系，浮子的位置高度可作为流量量度。通过改变 CO_2 和 N_2 的体积流量来控制反应气体中 CO_2 的分压。

分析吸收压力对循环性能的影响时，吸收反应装置如图1－4所示，同样需将 N_2 和 CO_2 气瓶连接到反应器上。对于CHC过程，所使用的水蒸气发生器设计压力为5.0MPa，容积约为12L，采用法兰电加热管加热，由调压器调节输入电加热管的电压，使水蒸气发生器在过程中保持压力稳定。

实验中一个重要的辅助测量仪器为电子天平，它可以精确测量样品开始循环前的初始质量 M_0、每次煅烧结束后的样品质量 M_n 和循环吸收后样品的质量 M_{n+1}，由此确定吸收剂的有效转化量。

5.2　实验方法及工况

5.2.1　实验方法及步骤

实验方法及步骤如下：

（1）确定实验工况。根据化石能源直接制氢的温度和压力确定碳酸化反应的温度和压力；根据默认的环境条件下碳酸钙的最低分解温度确定煅烧温度；按一定配比的高纯氮气和纯 CO_2 混合气体来模拟被吸收气体。

（2）打开温控仪，将温度设定为预定的煅烧温度，同时打开氮气阀门，使反应器在氮气气氛中升到预期温度。

（3）称量一定量的碳酸钙置于样品盘中，并记下初始质量 M_0。

（4）反应器温度升高到预期温度后，将样品盘加入到反应器内，进行吸收剂的煅烧。

（5）煅烧结束后，将温控仪上的温度设定为吸收温度的值，取出样品盘，冷却到室温后称量其质量 M_n（连续实验时不取出样品，但需开启换热系统，使反应器温度快速达到吸收温度）。

（6）关小氮气流量计，打开高纯 CO_2 气瓶的阀门，调整 CO_2 流量计的阀门，使混合气体的流量与煅烧过程保持一致。

（7）反应器温度降到吸收温度后，重新加入样品盘，进行吸收反应。

（8）反应接收后，取出样品盘冷却称量 M_{n+1}，并将温控仪重新设为煅烧温度，使反应器升温。

（9）通过吸收反应前后样本质量的变化来确定吸收剂所吸收 CO_2 的量。

（10）重复步骤（4）～（9），进行循环实验。对于加压吸收过程，保持煅烧所用的固定床反应器温度和气氛不变，其余实验步骤同（1）～（5），后续步骤转到（11）。

（11）将样品加入耐压反应器内。

（12）将反应器放入坩埚电阻炉内。

（13）打开 CO_2 气瓶的阀门，同时开启加压反应器的放气阀，调节气体流量，使反应器内的压力保持预定的值并稳定下来。

（14）当温度升高到预期的反应温度后，保持设定的反应时间。

（15）反应结束后，取出反应器冷却。

（16）取出样品并称量质量 M_{n+1}。

（17）重复过程（4）～（16），进行加压吸收的循环实验。

循环煅烧—吸收过程中，对某次循环的样品取出一定量进行形态分析（包括扫描电子显微镜观察表面积、用氮吸附法分析孔大小和孔分布的变化）。

5.2.2　实验工况

在吸收剂循环煅烧（SEM）碳酸化过程中，煅烧温度的选择至关重要，而碳酸钙的分解温度很大程度上取决于煅烧气氛中的 CO_2 分压。图 5-2 给出了 500～1300℃间两者的平衡曲线，图 5-3 为不同 CO_2 分压下，碳酸钙在不同温度时的分解率。

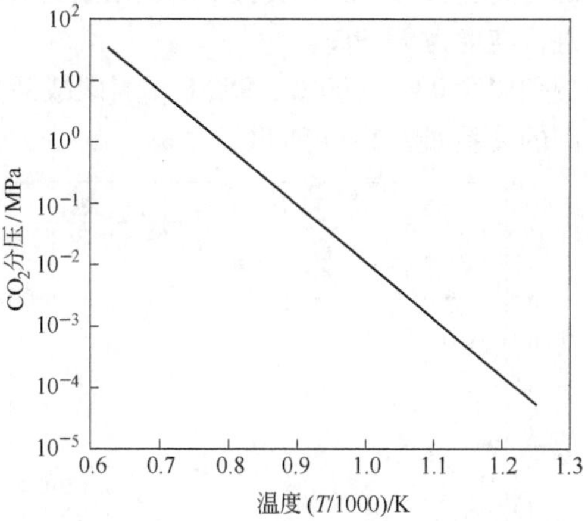

图 5－2 式（1－3）反应的平衡曲线

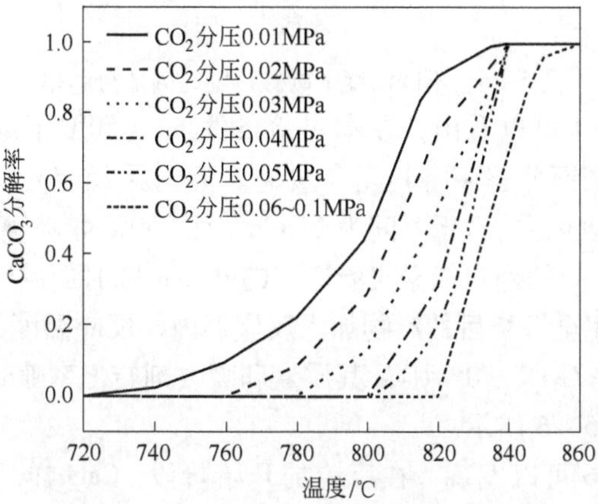

图 5－3 不同 CO_2 分压下碳酸钙的分解率

由图 5－2 和图 5－3 可知，当 CO_2 分压界于 0.01～0.1MPa 时，碳酸钙的分解温度范围为 720～860℃，当温度超过 860℃时，在该分压范围内，碳酸钙的分解都 100% 地完成。在满足煅烧速率的要求下，应尽可能地降低高温煅烧对吸收剂活性的影响，本实验选择基准煅烧温度为 900℃。

为了确定本装置所加物料量需要的反应时间，首先对不同煅烧温度所需要的煅烧时间进行了确定。实验中所用碳酸钙及氢氧化钙均为粉状分析纯试剂，纯度为99.9%。

煅烧温度分别取850℃、900℃、950℃，当碳酸钙量为2.0g时，其分解率随时间的关系如图5-4所示。

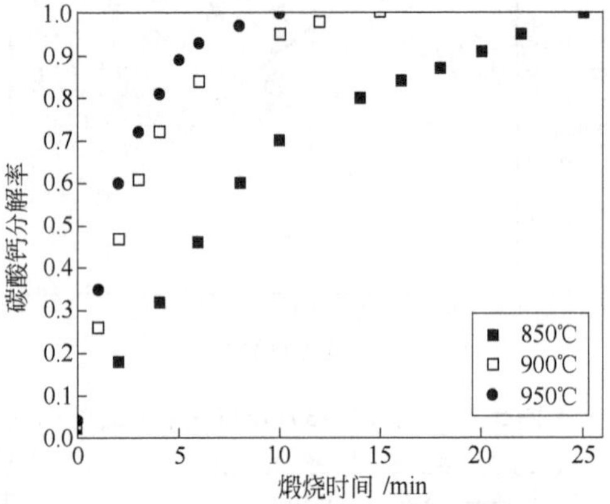

图5-4　不同温度下碳酸钙随时间的分解率

由图5-4可以看出，在本实验条件下，850℃下煅烧15min只有78%的碳酸钙分解，将其完全煅烧，至少要25min，900℃时获得完全煅烧的碳酸钙的理想时间为15min，而950℃煅烧时只要10min。

碳酸化时间的确定依据实验选定的样品量随时间的转化情况。将2.0g碳酸钙完全煅烧后的产物加入反应器内，反应温度为650℃，吸收气氛为30% CO_2、70% N_2，其质量和吸收剂转化率随时间的变化如图5-5和图5-6所示。

从图5-6可以发现，在反应的开始阶段，CaO样品的转化率急剧增加，说明这时控制整个反应过程的主要是化学反应速率，而随着反应时间的增加，转化率逐渐减少，最终达到一个近似不变的状态，说明此时控制整个反应过程的已经不是CaO与 CO_2 的反应速率，而是 CO_2 分子在颗粒内的扩散。

由图5-5和图5-6可以看出，在起初的15min内，吸收剂质量迅速增加，转化率达到95%以上，随着时间的延长，吸收剂的质量和转化率只有微量的增加，30min时转化率达到98.3%，由此选定本装置吸收反应完成的时间为30min。

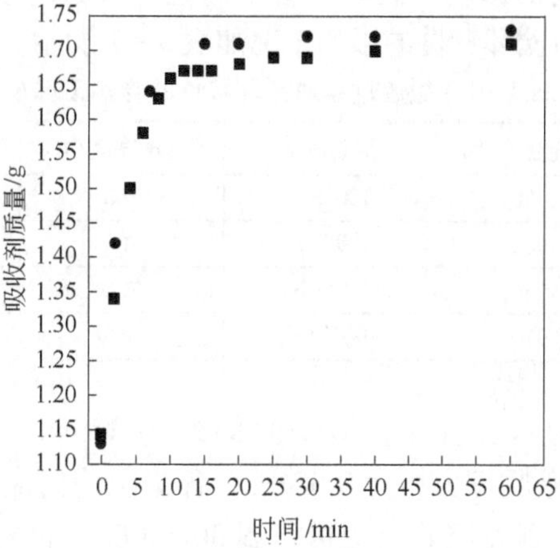

图 5-5 吸收剂质量随时间的变化

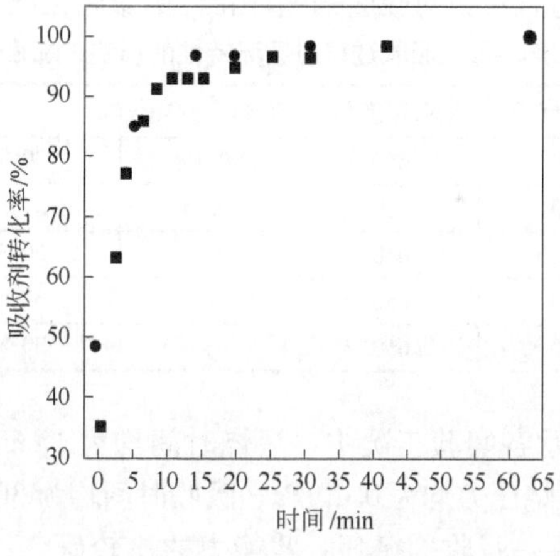

图 5-6 吸收剂转化率随时间的变化

确定了反应条件后，本节主要从煅烧过程、吸收过程的参数及不同钙基吸收剂三个方面进行研究：

（1）不同的煅烧温度生成的石灰的活性有很大的差别，高温煅烧容易使碳酸钙在分解过程中严重烧结，这可能是引起其产物失活的一个重要原因；煅烧气氛中 CO_2 浓度不同时，煅烧产物的性能也有很大变化。因此，分析煅烧过程参数对吸收剂循环特性的影响时，主要考察煅烧温度的影响，同时分析不同煅烧气氛时吸收剂的循环性能。煅烧过程对循环特性的影响工况如表 5－1 所示。

表 5－1 煅烧过程对循环特性的影响工况表

工 况	煅烧温度/℃	煅烧气氛	吸收温度/℃	吸收气氛
1	850	100% N_2	700	30% CO_2, 70% N_2
2	900	100% N_2	700	30% CO_2, 70% N_2
3	950	100% N_2	700	30% CO_2, 70% N_2
4	910	100% CO_2	650	30% CO_2, 70% N_2

表 5－1 所示工况中，煅烧时间均为 15min，吸收时间均为 30min，煅烧及吸收压力均为 0.1MPa。各工况均完成 10 个完全的煅烧—吸收循环，通过吸收反应进行到 30min 时吸收的 CO_2 的量来确定吸收容量。

（2）吸收过程参数对吸收剂循环特性的影响工况见表 5－2。

表 5－2 吸收过程对循环特性的影响工况表

工 况	煅烧温度/℃	吸收温度/℃	吸收压力/MPa	吸收气氛
5	900	650	0.1	30% CO_2, 70% N_2
6	900	700	0.1	30% CO_2, 70% N_2
7	900	650	0.1	50% CO_2, 50% N_2
8	900	650	1	30% CO_2, 70% N_2
9	900	650	2	30% CO_2, 70% N_2

表 5－2 所示各实验工况中，煅烧时间均为 15min，煅烧气氛均为 100% N_2，煅烧压力均为 0.1MPa，吸收时间均为 30min。

（3）不同钙基吸收剂循环吸收能力的比较研究：取分析纯碳酸钙和白云石进行比较，研究在相同的煅烧—吸收条件下的循环吸收能力的变化。

实验采用天津市渔阳超细矿粉加工有限公司生产的白云石，其成分见表 5－3，实验工况见表 5－4。

表 5－3 实验用白云石成分表 （%）

灼 减	SiO_2	Al_2O_3	CaO	MgO
45.43	0.59	0.47	29.16	20.1

表 5-4 白云石实验工况表

工况	煅烧时间/min	煅烧温度/℃	煅烧气氛	吸收时间/min	吸收温度/℃	吸收压力/MPa	吸收气氛
10	15	900	100% N_2	30	650	0.1	30% CO_2，70% N_2

5.3 实验结果及分析

5.3.1 实验分析参数

判断吸收剂的循环性能时，需要选用合理的分析参数，根据 CO_2 吸收剂特定的工作目的，选用下列参数作为考察吸收剂循环性能的目标：

（1）吸收剂的相对吸收能力。吸收剂的相对吸收能力指吸收开始到反应进行到 30min 时吸收剂吸收的 CO_2 的量。定义如下：

$$X_n = X_{CO_2/CaO} = \frac{M_{nCO_2}}{M_{CaO}} \tag{5-1}$$

式中 X_n——第 n 次循环吸收剂的吸收容量，即第 n 次循环中吸收剂的最大转化率；

M_{nCO_2}——第 n 次循环中吸收的 CO_2 的量，mol；

M_{CaO}——实验开始时加入的吸收剂（氧化钙）的量，mol。

（2）吸收剂的最大转化率。吸收剂的最大转化率指循环利用过程中能进行有效吸收 CO_2 的氧化钙占起始时总氧化钙的量，在数值上与式（5-1）的结果相同。

（3）煅烧/吸收后孔的分布 V、平均孔径 D 和比表面积 S 的变化。

通过吸收剂吸收前后上述参数的变化，分析可能引起吸收剂性能下降的原因。

书中如没有特别注明，碳酸钙煅烧生成的吸收剂简称 C-CaO 吸收剂，白云石煅烧生成的吸收剂简称 B-CaO 吸收剂，氢氧化钙煅烧生成的吸收剂简称 H-CaO 吸收剂。

5.3.2　实验结果及分析

实验中将表 5－2 中的工况 5 作为基准工况，首先对 C－CaO 吸收剂的循环性能进行了初步的研究。以吸收剂最大转化率为循环次数的函数作图，结果如图 5－7 所示。

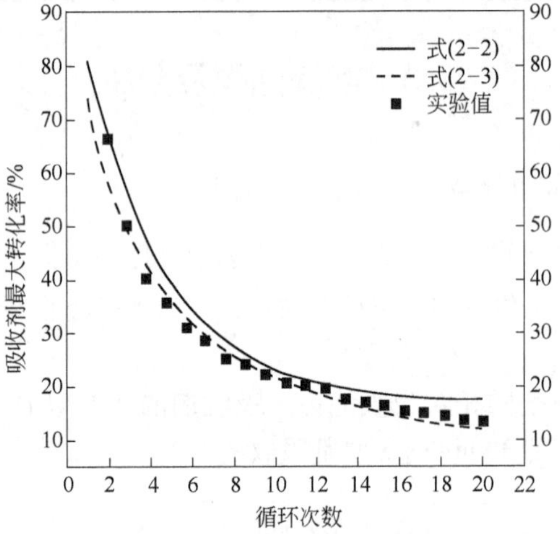

图 5－7　吸收剂最大转化率随循环次数的变化

由图 5－7 可知，随着循环次数的增加，C－CaO 吸收剂的最大转化率呈现不可避免的衰减，且前几个循环中急剧下降，如第 1 次循环中，吸收剂最大转化率为 67.3%，到第 5 次循环已经下降到 31.0%。而随着循环次数的进一步增加，这种下降趋势变得极其缓慢，到第 20 次循环后，吸收能力降为 13.4%。

为了验证文献提出的预测吸收剂衰减趋势的半经验公式，将计算结果绘于图 5－7 中。图中的实线表示由半经验方程式（2－2）计算的结果；虚线表示按方程式（2－3）计算的结果，取衰减速率系数 k 为 0.36。

由图 5－7 可以看出，本次实验的结果比经验公式（2－2）的结果略低，前几个循环中相差约 15%，第 10 次循环相差最小约 1%，到第 20 次时，差距又增加到 4% 左右。而当方程式（2－3）中的 k 值取 0.36 时，与本节的实验结果吻合得较好，最小差距为 0.13%。

经验公式（2-3）在预测吸收剂活性衰减时更为准确一些，但前提是需要根据吸收剂的循环条件，判定合理的衰减系数 k 的值。

为了对实验结果进行进一步的验证，对相同碳酸钙样品按工况 1 重新进行了实验，结果如图 5-8 所示。为了便于比较，图中标明了其他研究者的结果，实线仍表示按方程式（2-2）得到的半经验模型曲线。由图 5-8 可知，该条件下前 4 次循环的结果与经验公式曲线吻合得很好，但第 5 次开始后，吸收剂的吸收容量明显高于经验值。其他研究者的实验结果也表明，随循环次数的增加，吸收剂的最大转化率下降很快，但实验条件不同时，其结果也略有差别。

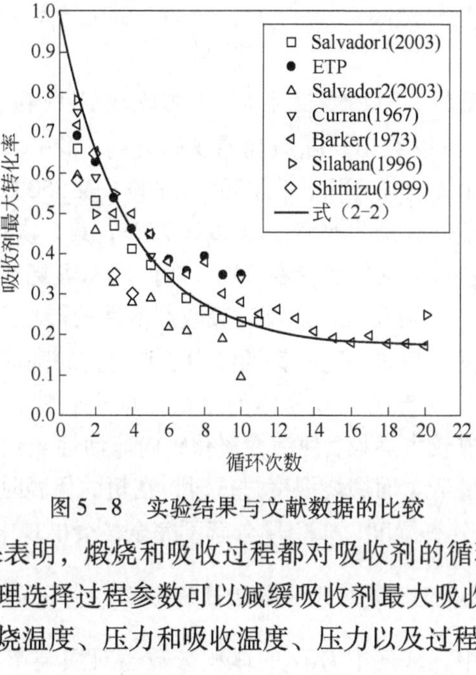

图 5-8 实验结果与文献数据的比较

上述结果表明，煅烧和吸收过程都对吸收剂的循环吸收容量有重要影响，合理选择过程参数可以减缓吸收剂最大吸收容量的衰减。因此，研究煅烧温度、压力和吸收温度、压力以及过程气氛具有重要意义。

5.3.2.1 煅烧温度对吸收剂活性的影响

大量研究表明，煅烧工艺对钙基吸收剂的活性具有非常重要的影响[66,67,70,77,80,88]，特别是煅烧温度。本章按表 5-1 中的工况 1~3，实验研究了煅烧温度对 C-CaO 吸收剂循环特性的影响，结果如图

5-9所示。其中纵坐标为吸收剂最大转化率，横坐标为循环次数。

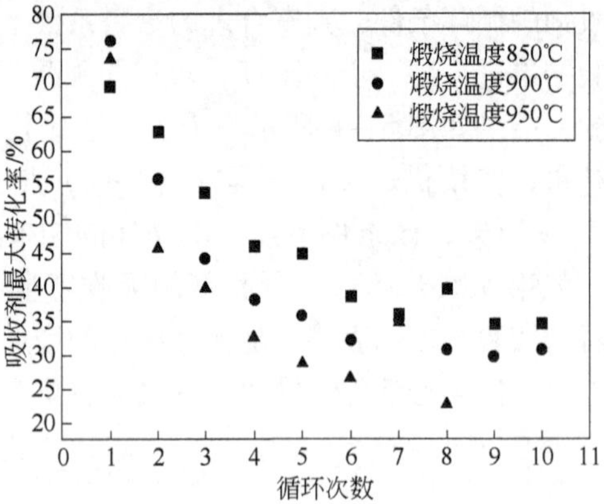

图5-9　煅烧温度对C-CaO吸收剂活性的影响

由图5-9可以看出，随煅烧温度的升高，C-CaO吸收剂的活性显著下降。第1次循环后，在850℃、900℃及950℃温度下煅烧产生的吸收剂的活性分别为69%、76%和73%；第2次循环后，850℃煅烧产生的吸收剂的活性保持在63%，而950℃煅烧产生的吸收剂的活性下降为46%，可见煅烧温度对吸收剂活性的影响之大。

当煅烧温度较高时，碳酸钙颗粒中心易达到较高温度，$CaCO_3$ 迅速分解，但是CaO再结晶和晶体的生长速度也较快，CaO晶体发育较完全，易形成较大晶粒，使活性氧化钙向非活性氧化钙转化，导致吸收剂的活性降低。而煅烧温度过低时，在短的保温时间内，中心不易达到 $CaCO_3$ 分解温度，$CaCO_3$ 分解不完全，会出现未烧透的现象。

5.3.2.2　煅烧气氛对吸收剂活性的影响

煅烧过程中，载气中 CO_2 的体积分数也对煅烧产物的性能有重要影响。由前面的分析可知，煅烧气氛中 CO_2 分压越高，完全煅烧碳酸钙所需要的温度就越高，这样很容易造成CaO的烧结。因此，分析煅烧气氛中 CO_2 分压对吸收剂循环性能的影响十分必要。按表5-1所示工况4实验的结果如图5-10所示。

由图5-10可知，煅烧气氛中 CO_2 的存在对C-CaO吸收剂的循

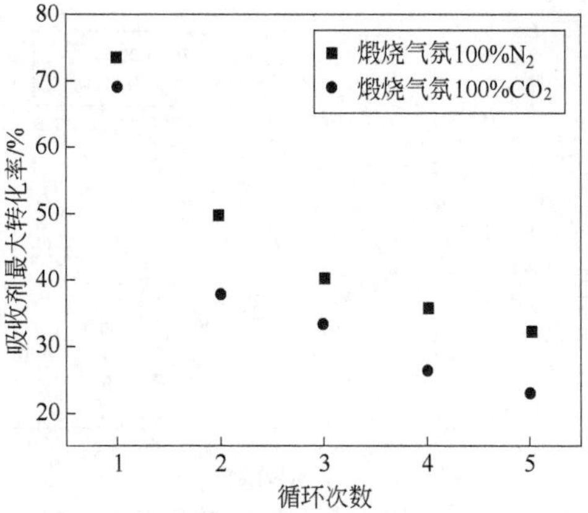

图 5-10 煅烧气氛中 CO_2 分压对吸收剂循环性能的影响

环转化率有负面影响，当煅烧气氛由 100% N_2 变为 100% CO_2 时，第 1 次循环和第 5 次循环中，吸收剂最大转化率分别为 73%、32% 和 69%、23%。可见煅烧气氛对新鲜吸收剂的影响比对多次循环的吸收剂性能影响更大，其差别由最初的 4% 增加到第 5 次的 9%。因此，在实际的吸收剂煅烧过程中，应尽快排走煅烧释放出的 CO_2 气体，减小煅烧气氛中 CO_2 的分压，以减缓吸收剂循环性能的降低。

5.3.2.3 吸收温度对吸收剂活性的影响

分析碳酸化温度对吸收剂循环吸收容量的影响时，实验工况为表 5-2 所示的工况 6 和 7，同样以最大吸收容量为循环次数的函数，结果如图 5-11 所示。

由图 5-11 可以看出，常压吸收条件下，其他参数相同时，700℃碳酸化时，C-CaO 吸收剂的活性在 10 次循环中的活性都要高于 650℃时，平均高约 5%。特别是 6 次循环后，700℃碳酸化基本保持不变；10 次循环后，700℃碳酸化的吸收剂活性为 30%，650℃碳酸化吸收剂的活性仅为 20%。

实验结果表明，对化石能源直接制氢过程来说，在吸收反应允许的温度范围内，应尽可能选择较高的气化温度，这样有助于吸收剂循环活性的保持。

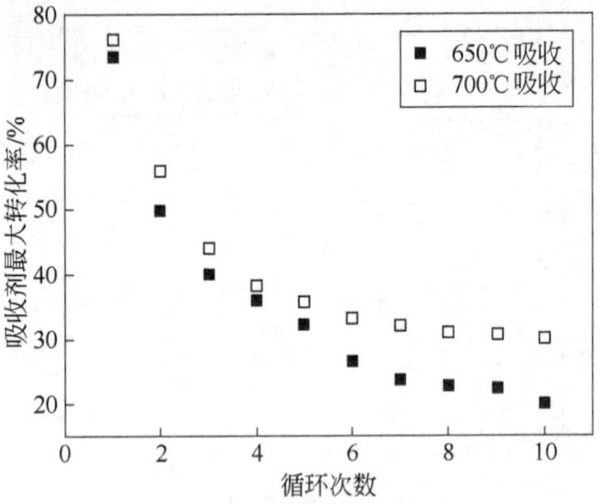

图 5－11　吸收温度对 C－CaO 吸收剂活性的影响

5.3.2.4　吸收压力对吸收剂活性的影响

化石能源直接制氢过程，根据气化原料的不同（煤、生物质或甲烷），压力选择的范围也比较宽，因此分析吸收过程的压力对吸收剂循环特性的影响也尤为重要。按表 5－2 所示工况 8 和工况 9 进行实验的结果如图 5－12 所示，为便于比较，图中绘出了常压吸收的实验结果。

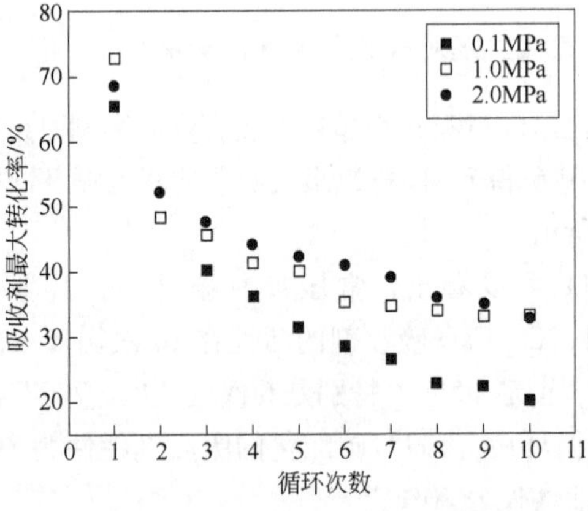

图 5－12　吸收压力对 C－CaO 吸收剂循环特性的影响

由实验结果可知，对于重复的煅烧—碳酸化循环，吸收压力对循环活性的保持具有积极的作用。由图 5－12 可以看出，新鲜的吸收剂对吸收压力并不敏感，如常压吸收时，C-CaO 吸收剂的最大转化率比 2.0MPa 时要高，而到循环进行到第 3 次时，高压吸收对吸收剂循环活性的积极影响便体现了出来。2.0MPa 和 1.0MPa 下，C-CaO 吸收剂最大转化率分别为 48% 和 46%，而常压转化率仅为 40%。且随着循环次数的增加，这种影响力不断加大，到第 10 次循环时，三者的最大转化率分别为 34%、33% 和 20%。

5.3.2.5 吸收气氛对吸收剂活性的影响

分析吸收气氛中 CO_2 的体积分数对吸收剂活性的影响时，按表 5-2所示的工况 6 与 7 进行实验，结果如图 5-13 所示。

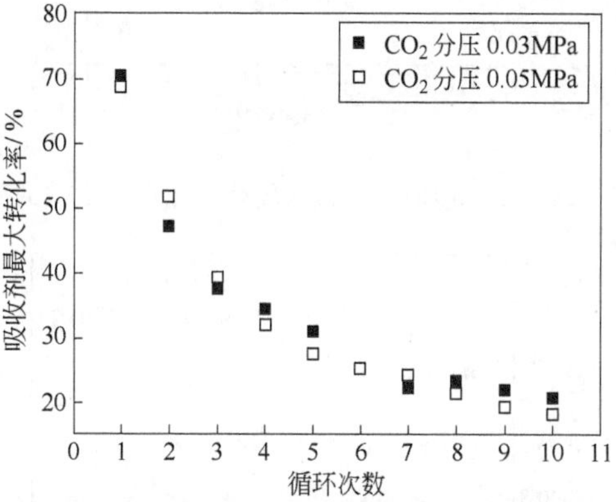

图 5-13 吸收气氛中 CO_2 分压对 C-CaO 吸收剂活性的影响

从图 5-13 可以看出，在循环过程中，不同 CO_2 分压下，C-CaO 吸收剂最大转化率并没有呈现规律性的变化，两者在大多数的循环中都十分接近，并没有出现其中一个始终高于另外一个的情况，而是交替变化。因此，吸收环境中 CO_2 分压对吸收剂循环活性的影响可以忽略。

5.3.2.6 不同钙基吸收剂活性实验比较

自然界中钙基吸收剂的种类很多，依据其组分的不同，主要包含碳酸钙（俗名石灰石）、石灰石质的白云石、白云石等，三种矿石中钙的含量依次减少，镁的含量依次增加，但都是廉价的 CO_2 吸收剂。

为了比较不同成分的钙基吸收剂的循环特性，以天津产白云石为研究对象（其参数见表5－3），进行了一系列的实验研究，结果如图5－14和图5－15所示。

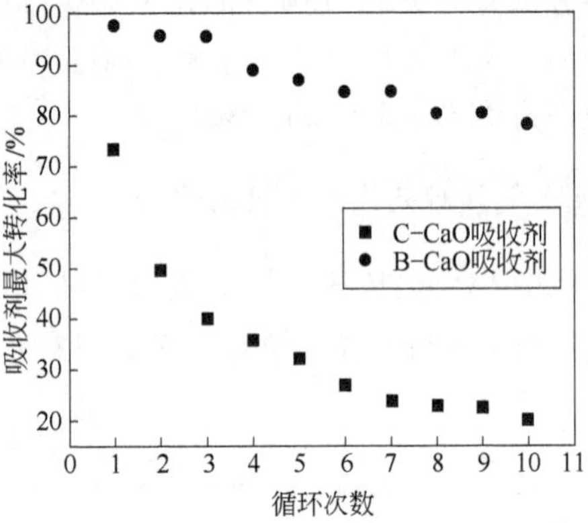

图5－14 不同吸收剂的最大转化率随循环次数的变化

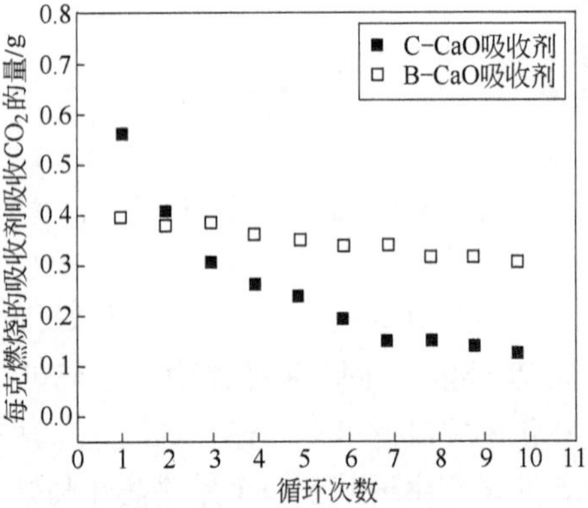

图5－15 每克吸收剂吸收 CO_2 的克数

由图5－14可以看出，B－CaO吸收剂的循环吸收容量稳定性明显高于C－CaO吸收剂，如B－CaO吸收剂在第1次循环中的最大转化率为97.8%，而C－CaO吸收剂的最大转化率只有73.4%；到第10次循环中，B－CaO吸收剂的最大转化率仍保持在较高的水平，为78.3%，而C－CaO吸收剂的最大转化率却急剧衰减到20.0%，只有前者的25%左右。从每克吸收剂所能吸收的 CO_2 的克数来看，起初 C－CaO 吸收剂所吸收的 CO_2 的量要高于 B－CaO 吸收剂，如第1次循环中，每克 C－CaO 吸收剂可吸收 CO_2 的量为0.55g，而每克 B－CaO 吸收剂则只可吸收0.40g，约为前者的72.7%；但随着循环次数的增加，C－CaO 吸收剂所能吸收 CO_2 的量明显下降，如第10次循环中，每克 C－CaO 吸收剂所吸收的 CO_2 仅为0.16g，而每克 B－CaO 吸收剂的吸收量则为0.32g，为前者的两倍。可见 B－CaO 吸收剂具有较高的循环稳定性和吸收转化率。

图5－16和图5－17分别为碳酸钙和白云石的晶格结构。由图可以看出，白云石中较小的镁原子使得晶格边由碳酸钙中的 6.36×10^{-10}m 减小为 6.02×10^{-10}m，而晶格单元的方向角由46°6′增大为47°7′。

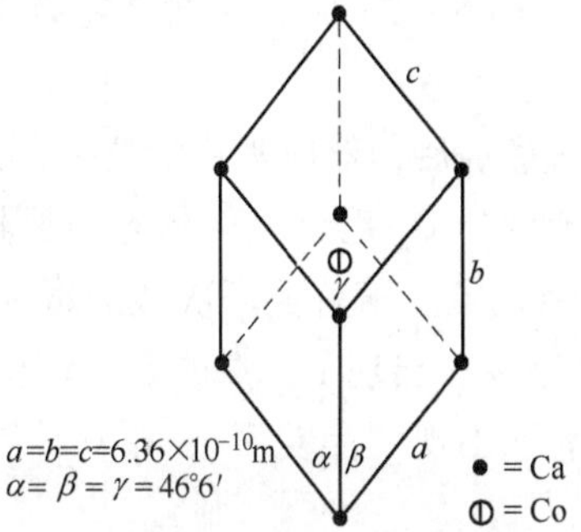

图5－16 碳酸钙的晶格结构

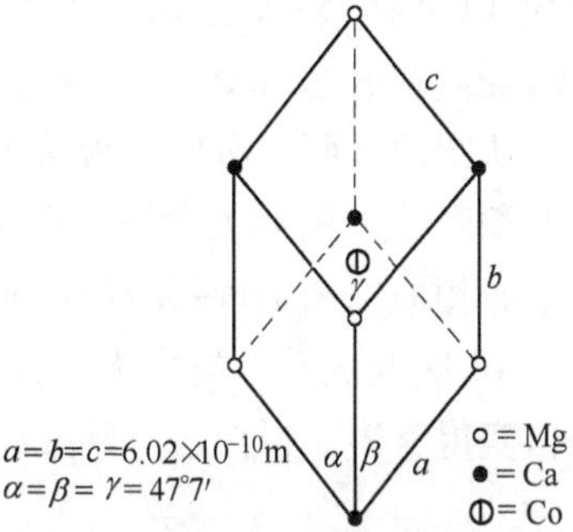

图5－17 白云石的晶格结构

Ole Swang 等人[87]采用红外线光谱分析法对 MgO 和 CaO 吸收 CO_2 进行了量子化学研究，认为 MgO 吸收 CO_2 的位置位于单一齿状的边沿处和二维齿状的顶角处，而 CaO 吸收 CO_2 的原子位置均处于单一齿状的边沿和顶点，且在边沿位置，CaO 的吸收活化能低于 MgO。

正是白云石中含有 MgO 这种特殊的原子结构，使得其在吸收过程中虽不参与化学反应，但却可以起到原子骨架的作用，减少吸收过程中由于生成碳酸钙产品层引起的孔堵塞，并减少煅烧过程中吸收剂的烧结，从而有效地保持了吸收剂的活性。

5.4 吸收剂活性衰减原因分析

为了分析引起吸收剂循环特性率减的原因，实验中对循环与不同过程的吸收剂进行了电镜扫描（SEM）和中孔分析。

5.4.1 SEM 表面形态观察

采用 JSM－35CF 型电子显微镜对吸收剂进行表面形态观察。图 5－18为实验中使用的分析纯碳酸钙原样品，图 5－19 为碳酸钙第 1 次完全煅烧后产生的 CO_2 吸收剂 CaO；图 5－20 为 CaO 第 1 次碳酸化后的产物（$CaCO_3$ 和 CaO 少量的混合物）；图 5－21 为吸收剂循环第 10 次煅烧后生成的 CaO；图 5－22 为吸收剂循环 10 次碳酸化后的产物（$CaCO_3$ 和大量 CaO 的混合物）；图 5－23 为吸收剂循环第 15 次煅烧后生成的 CaO。

从图像可明显看出，碳酸钙第一次煅烧后，形成鳞片状结构，比表面积和孔体积都大大增加；第一次吸收 CO_2 后，表面形态与原样品十分相似，未出现颗粒的团聚和烧结现象。随着循环次数的增加，到第 10 次煅烧后，鳞片状粒子已大大减少，出现了大量的方形颗粒，结构变得紧凑；再次进行碳酸化后，表面出现“晶粒团”，尽管晶粒

图 5－18 原生碳酸钙

图 5－19 第 1 次完全煅烧的产物

图 5－20 第 1 次碳酸化后的产物

图 5－21 第 10 次完全煅烧的产物

图 5－22 第 10 次碳酸化后的产物

图 5－23 第 15 次完全煅烧的产物

团之间有相当大的孔隙，但颗粒孔隙率减小；而到循环到第 15 次后，吸收剂晶粒中的片状结构已经完全消失，取而代之的是正方体状的大晶粒，晶粒生长严重，总比表面积减小，从而吸收剂转化率严重下降。

图 5－24～图 5－26 为不同煅烧温度下产生的吸收剂循环 10 次碳酸化后的 SEM 照片。由图像可以发现，随着煅烧温度的升高，晶体颗粒烧结严重，大量空隙被封闭，造成吸收剂转化率降低，且碳酸化后的颗粒明显抱团。因此，煅烧温度对吸收剂循环特性的影响尤为重要。

图 5－24　煅烧温度 850℃下的产物

图 5－25　煅烧温度 900℃下的产物

图 5－27 为白云石循环 10 次后的 SEM 照片，图 5－27（a）为放大 1000 倍，图 5－27（b）为放大 2000 倍。

图 5－26　煅烧温度 950℃下的产物

由图 5－27 可知，由于 MgO 成分的存在，白云石的表面形态与碳酸钙完全不同。白云石中的 MgO 成分在碳酸化过程中不参与反应，这样的惰性成分可以起到骨架的作用，在煅烧过程中可以减少烧结，而碳酸化过程又可以降低孔被堵塞的几率，且碳酸化后，其仍以均匀的小颗粒附着在 CaO 晶粒上，起到了稳定 CaO 转化的作用。

5.4.2　孔及比表面分析

氮吸附法是目前分析粉体材料表面特性常用的方法。该方法适用于非孔、中孔材料的比表面积及孔径分布测定。它利用氮的等温吸附特性：在液氮温度下，氮分子在材料表面的物理吸附量取决于氮气的

图 5－27 白云石按工况 10 循环 10 次碳酸化后的产物
（a）放大倍数 1000×；（b）放大倍数 2000×

相对压力 p/p_0，其中 p 为氮气分压，p_0 为液氮温度时氮的饱和蒸气压，当 p/p_0 在 0.05～0.35 范围内时，吸附量与 p/p_0 符合 BET 方程，以此为基础，成为比表面测定的依据；当 $p/p_0 \geqslant 0.4$ 时，由于产生了毛细凝聚现象，吸附量与表面微孔的尺寸相关，以此为基础，则成为测定孔径分布的依据。

比表面积的测定依据 BET 吸附理论，描述了低温时吸附气体在固体表面的物理吸附过程。由于范德华力普遍存在，任何气体与固体间都能发生物理吸附，对于一定的固体，通常越易液化的气体越容易被吸附。在吸附质气体的临界温度以下，物理吸附与气体在其本身液面上的凝聚有些相似。根据吸附等温式，由 BET 方程求出样品的单分子层吸附量，再由每个吸附质分子在吸附态的截面积计算该物质的比表面积 S_{BET}，计算公式如下：

$$S_{BET} = \frac{X_m}{M} \cdot S_m \cdot L \times 10^{-2\mu} \tag{5-2}$$

式中 S_{BET}—— 比表面积，m^2/g；

X_m—— 每克固体吸附质的单层容量，g；

M—— 吸附质分子量；

S_m——完全单层吸附情况下每个吸附质分子所占平均面积，m；

L—— 阿伏伽德罗常数；

μ——气体黏度。

在液氮饱和温度（77.4K）下，以氮（99.99%）为吸附介质，在相对压力 p_o（p、p_o 分别为氮低温吸附的平衡压力及饱和压力）为 0.01～0.995 时，进行等温吸附和脱附的测量，获得吸附、脱附等温线。通过对吸附等温线形态的分析可以获得吸收剂孔隙结构的信息。

实验中，对不同循环阶段的样品进行了取样分析，其吸附等温线如图 5－28 与图 5－29 所示。

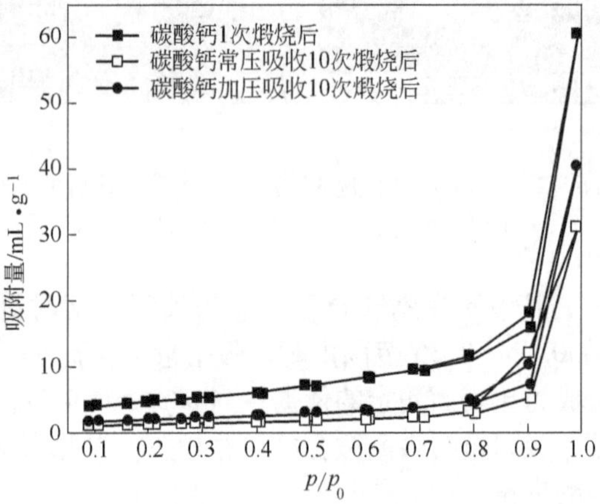

图 5－28　C－CaO 吸收剂在不同循环阶段的吸附等温线

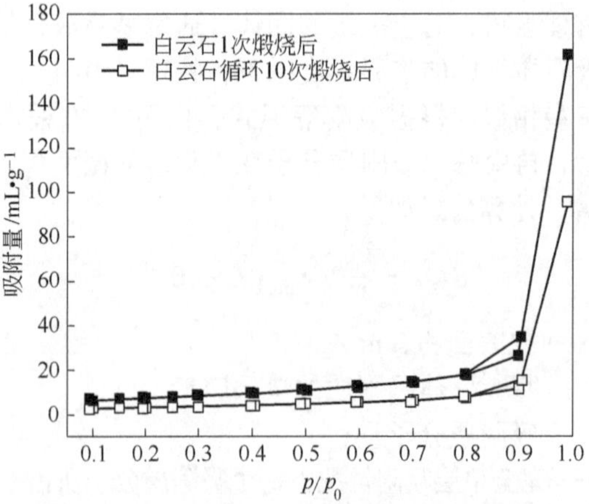

图 5－29　B－CaO 吸收剂在不同循环阶段的吸附等温线

由图 5－28 和图 5－29 可以看出，各个样品的吸附等温线形状虽然在形态上稍有差别，但都呈反 S 形，根据吸附等温线的 BET 分类方法，曲线为典型的Ⅱ型吸附等温线。曲线的前半段上升缓慢，并呈略向上凸的形状，表明吸附由单分子层向多分子层过渡；曲线后半段等温线急剧上升，一直到接近饱和蒸气压也未呈现出吸附饱和现象，说明样品中含有一定量的中孔和大孔，由毛细凝聚而发生大孔容积充填。第Ⅱ类型的吸附等温线对应的吸附剂孔径范围是从小至分子级孔、大至无上限孔（相对而言）的较连续的完整孔系统。吸附等温线带有 H3 类回线，表明样品中存在裂缝状孔。

由图 5－28 和图 5－29 还可以看出，多次煅烧—碳酸化循环后的吸收剂，其在中孔分析测量中的等温吸附量随循环次数的增加明显降低。说明多次循环利用后，吸收剂颗粒的孔隙率降低，总孔容积下降，同时也说明颗粒的晶体结构发生了变化，导致其相同条件下吸附量降低。

实验中样品的比表面积、总孔容积的变化见表 5－5。

表 5－5 吸收剂比表面积、总孔容积的变化

序号	样品种类	比表面积 $/m^2 \cdot g^{-1}$	平均孔径 /nm	总孔容积 $/mL \cdot g^{-1}$
1	原样碳酸钙	0.119	30.00	0.00077
2	碳酸钙 1 次煅烧后	16.20	58.20	0.236
3	常压碳酸钙 10 次煅烧后	4.34	44.16	0.048
4	1.0MPa 碳酸钙 10 次煅烧后	6.73	36.94	0.062
5	白云石 1 次煅烧后	25.89	38.42	0.249
6	白云石 10 次煅烧后	11.47	51.26	0.147

由表 5－5 可以看出，碳酸钙完全煅烧后，比表面积和总孔容积都大大增加。这是因为煅烧过程中由于气体释放，留下了许多大体积的孔隙，同时有许多不规则的晶粒形成，且扭曲的生成物晶格坍塌，形成更小的晶粒。

由表 5－5 还可以看出，随着循环次数的增加，吸收剂的比表面积急剧下降，平均孔径和总孔容积和大大减小。如碳酸钙 1 次煅烧生成的氧化钙，比表面积高达 16.20m^2/g，而按基准工况循环 10 次后，其比表面积降至 4.34m^2/g；加压吸收 10 次后，比表面积降低为 6.73m^2/g，比常压吸收情况下高，这正与第 10 次循环中，加压过程吸收剂的转化率比常压过程高相符合，同时也说明比表面积对吸收剂转化有重要影响。

总孔容积与比表面积的变化趋势相同。碳酸钙密度为 2.71g/cm^3，氧化钙密度为 3.32g/cm^3，煅烧后若不发生粒子缩减，则比体积为 0.66cm^3/g，对应的理论孔容积为 0.36mL/g，而本节实验中 1 次煅烧后总孔容积为 0.236mL/g，为理论孔容积的 65.56%，说明该煅烧温度下，吸收剂颗粒发生烧结。多次循环后吸收剂的总孔容积也大大减小，说明随着循环次数的增加，由于烧结及晶体生长等原因，许多小孔被封闭，CO_2 难以渗透都在晶体内部发生反应，吸收剂转化率降低，平均孔径的变化出现了反常，加压吸收循环的吸收剂平均孔径小于常压吸收过程吸收剂的平均孔径，这说明平均孔径不是决定吸收剂转化率的主要因素。

白云石 1 次煅烧后，比表面积达 25.89m^2/g，约为碳酸钙的 1.5 倍，且同样循环 10 次后，比表面积仍保持得比较高。总孔容积在两者 1 次煅烧后十分接近，但循环 10 次后，碳酸钙煅烧生成的吸收剂总孔容积降至约原来的 20%，而白云石生成的吸收剂总孔容积约为原来的 60%。这正是白云石在循环过程中转化率高于碳酸钙的原因。

C－CaO 吸收剂在循环过程中比表面积分布的变化见图 5－30，孔容积分布变化见图 5－31。

由图 5－30 可以看出，碳酸钙 1 次煅烧后，比表面积曲线与多次循环后的曲线略有不同，该曲线的起始部分上翘，对应的是孔径小于 1.7nm 的微孔对比表面积的贡献。图中曲线也表明，各阶段的吸收剂，其比表面积在 3～4nm 的范围内出现峰值，表明该孔径范围对比表面积的贡献比较大。随着循环次数的增加，各孔径范围对应的比表面积的峰值大大降低，如常压吸收 10 次煅烧后，C－CaO 吸收剂比表面积的峰值约为 0.004（m^2/g）/nm，约为 1 次煅烧后峰值 0.02（m^2/g）/nm 的 20%。加压吸收对吸收剂比表面积的缩减有一定的缓解作用，如加压吸收 10 次煅烧后，C－CaO 吸收剂的比表面积

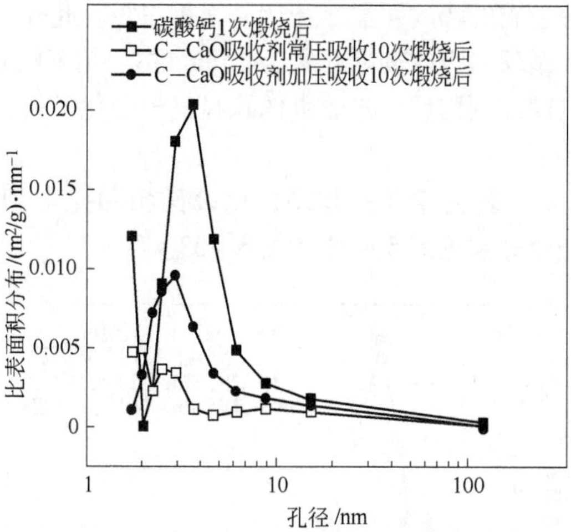

图 5-30 C-CaO 吸收剂比表面积分布的变化

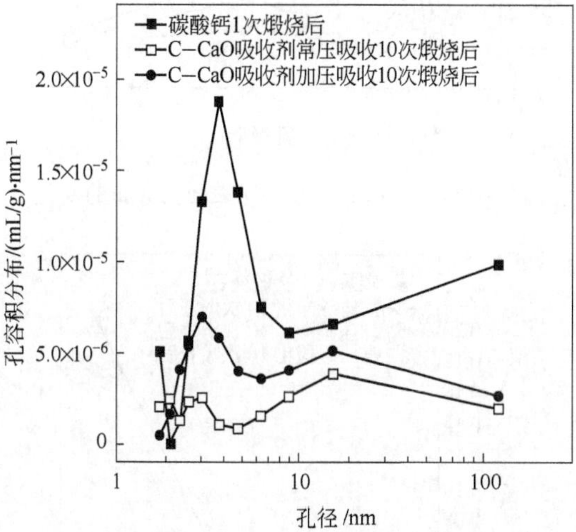

图 5-31 C-CaO 吸收剂孔容积分布的变化

峰值约为 0.01（m^2/g）/nm，为吸收剂比表面积初始峰值的 50%。

由图 5-31 可以看出，孔容积随孔径的分布趋势与比表面积有着相似的特点。不同的是 1 次煅烧后的 C-CaO 吸收剂，其孔容积分布曲线起始部分上翘的幅度明显小于比表面积曲线。此外，孔容积分布曲线中，多次循环的吸收剂在孔径为15nm的范围内重新出现微小峰值，表明多次循环利用后，吸收剂的孔径出现变化，较大的孔径对孔容积的贡献。

C－CaO吸收剂在循环过程中，比表面积和孔容积对孔径取微分，其分布变化分别见图5－32和图5－33。

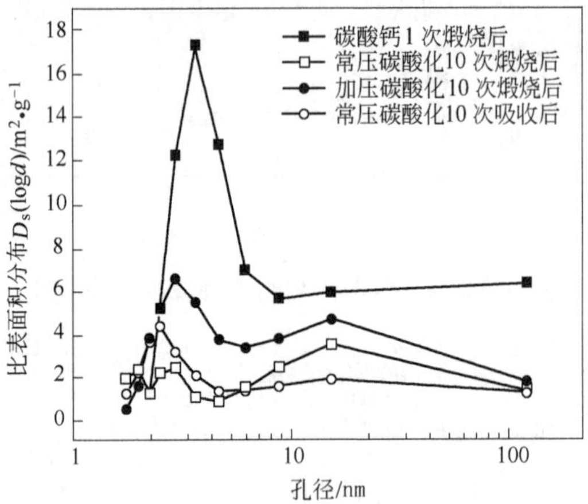

图5－32　C－CaO吸收剂比表面积分布的变化

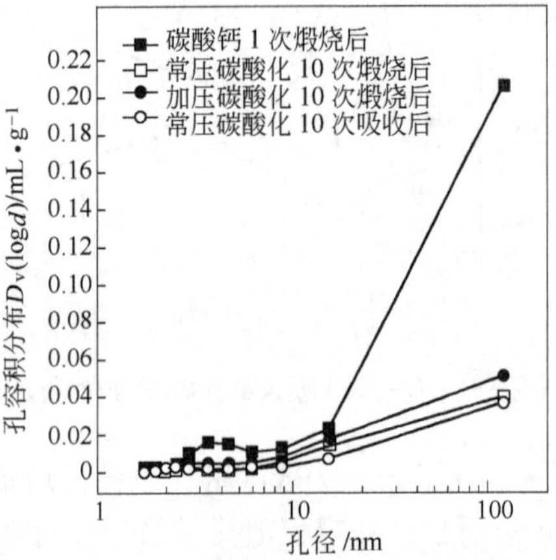

图5－33　C－CaO吸收剂孔容积分布的变化

由图 5－32 可以看出，对比表面积贡献最大的孔径主要介于 2～5nm 范围内，孔径超过 10nm 的孔隙对比表面积的贡献非常小；且随着循环次数的增加，在小于 2nm 的整个孔径范围内，吸收剂的比表面积分布范围都急剧减小，常压吸收比加压吸收减小的程度更大。值得指出的是，孔径范围为 10～100nm 的比表面积占总孔比表面积的 40% 左右，正是这些孔维持了吸收剂在多次循环中的转化。图 5－33 所示的孔容积分布表明，孔径超过 10nm 后孔容积呈现上升趋势，说明样品中孔径大于 10nm 的孔隙仍占有很大的比例，对孔容积有重大贡献，且随循环次数的增加，其分布区域大大减少。

由白云石煅烧成的 B－CaO 吸收剂在循环过程中比表面积分布的变化见图 5－34，孔容积分布变化见图 5－35。

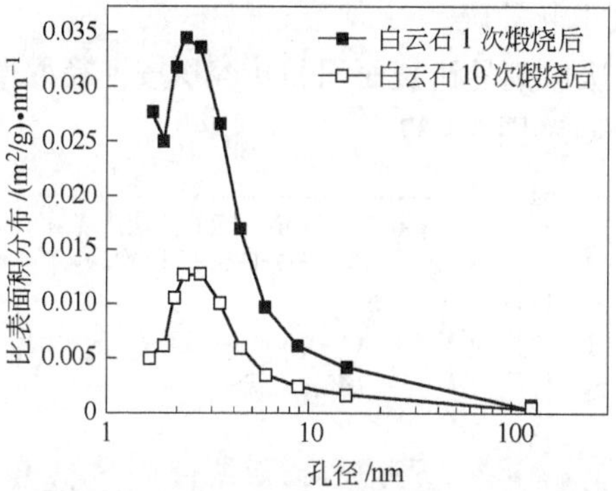

图 5－34 B－CaO 吸收剂比表面积分布的变化

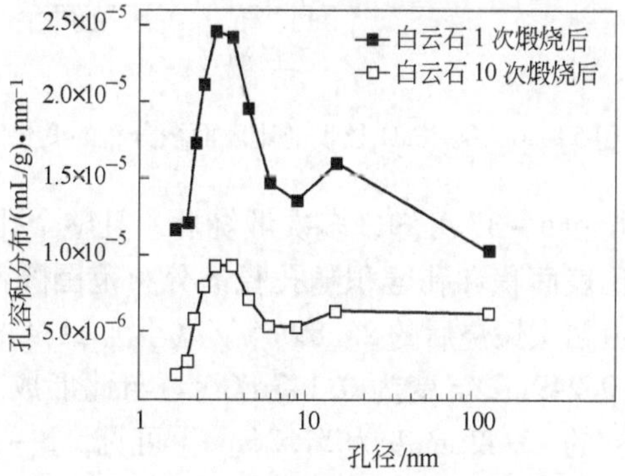

图 5－35 B－CaO 吸收剂孔容积分布的变化

由图 5 – 34 和图 5 – 35 可知，多次煅烧后，且整个孔径范围，B – CaO吸收剂的比表面积和孔容积随孔径的分布降低，特别是 2 ~ 5nm 范围内，其下降更是明显。与多次循环后不同，白云石 1 次煅烧的曲线起始部分上翘，对应的是孔径小于 1.9nm 的微孔对比表面积的贡献。图 5 – 35 中 B – CaO 吸收剂的孔容积分布表明，孔容积分布的变化比表面积的变化缓和一些，比表面积的缩减在孔径大于 10nm 后很小，而孔容积在这个孔径范围内都下降明显。初次煅烧的白云石在 20nm 的范围内出现二次峰值，而 10 次煅烧后的吸收剂，在孔径大于 10nm 后比较平缓，表明吸收剂中孔径分布有均匀分布的趋势。多次煅烧的吸收剂与初次煅烧的吸收剂相比，大孔径范围内比表面积和孔容积变化很小，表明多次循环中，吸收剂活性衰减主要是由于小孔的堵塞和消失引起的。

对 B – CaO 吸收剂的比表面积和孔容积按孔径取微分，其分布变化分别见图 5 – 36 和图 5 – 37。

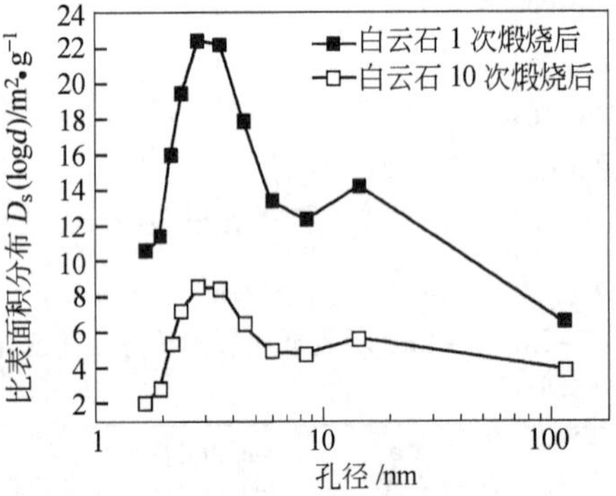

图 5 – 36　B – CaO 吸收剂比表面积分布的变化

由图 5 – 36 和 5 – 37 可知，多次煅烧后，且整个孔径范围，B – CaO 吸收剂的比表面积和孔容积随孔径的分布范围降低。10 次煅烧后，比表面积由初次煅烧后的 25.89m^2/g 减小为 11.47m^2/g，总孔容积也由最初的 0.249mL/g 变为 0.147mL/g。与此形成对照的是，平均孔径却从最初的 38.42nm 变为 51.26nm。可见，B – CaO 吸收剂与 C – CaO 吸收剂不同，虽然随循环次数的增加比表面积和孔容积都同

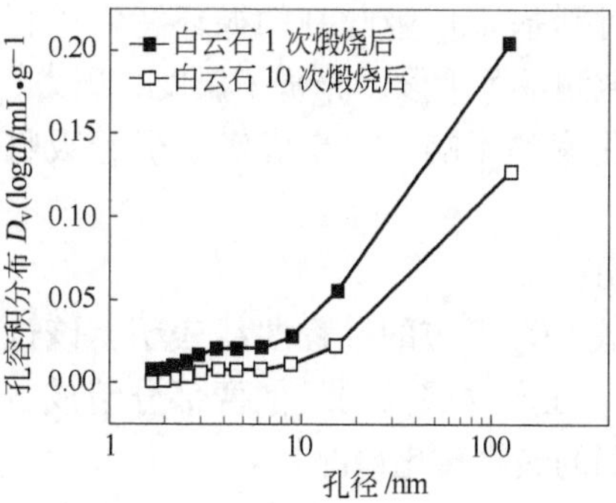

图 5-37　B-CaO 吸收剂孔容积分布的变化

样减小，但其值要比 C-CaO 吸收剂高约 3~4 倍，且对于比表面积来说，孔径范围大于 6nm 后其变化比孔径介于 2~5nm 区域的变化要小。孔容积分布也表明，大于 10nm 的孔容积的降低幅度也比碳酸钙循环过程缓和得多。

与 C-CaO 吸收剂的孔分布类似，对比表面积贡献最大的为 2~10nm 孔径范围的孔隙，而对孔容积贡献大的却是孔径大于 10nm 的孔隙。且在整个孔径范围内，B-CaO 吸收剂的比表面积和孔容积分布都比 C-CaO 吸收剂的大。这也是导致循环过程中，前者的转化率较高且比较稳定的原因。

上述分析表明，由于 CaO 在与 CO_2 反应中所表现的均匀沉积特性，在 CaO 孔隙结构中，孔径较小的孔隙将消失，而孔径较大的孔隙随反应进行变为小孔。在孔隙结构中，对比表面积起决定作用的是小孔，这就使得吸收剂多次利用后，比表面积和孔径分布逐渐趋于一致。实验分析发现，钙基碳酸盐（碳酸钙和白云石）煅烧生成的 CO_2 吸收剂，在循环的煅烧/碳酸化过程中，比表面积不断减小，总孔容积也大大降低，对比表面积有重大贡献的 2~10nm 孔径范围没有发生缩减，但比表面积分布的幅值显著减小。孔径大于 10nm 的孔隙对孔容积有较大贡献，其随循环次数的增加也明显降低。正是吸收剂比表面积的不断减小和孔容积的降低以及孔分布的改变，导致了吸收剂循环活性的衰减，吸收剂的循环转化率降低。

本章利用常压固定床反应器和耐压反应器，以可逆的煅烧—碳酸化反应为基础，对钙基 CO_2 吸收剂的循环特性进行了实验研究，借助电镜扫描和孔隙测量等手段，分析了温度、压力、载气成分等因素对吸收剂循环转化率的影响，初步确定了引起吸收剂活性衰减的原因。

实验研究表明：

（1）CaO 吸收 CO_2 反应的过程曲线表明，该过程主要由化学反应控制阶段和 CO_2 在产物层内的扩散两部分组成，而化学反应控制阶段决定了吸收剂的最终转化情况。

（2）随着煅烧/碳酸化循环次数的增加，吸收剂的最大转化率呈现不可避免的衰减。过程参数不同时，衰减趋势略有不同，但转化率的急剧降低基本都发生在前 5 次循环内。

（3）煅烧温度对吸收剂活性有重要影响。较高的煅烧温度和较长的保温时间容易造成吸收剂的烧结，减少了吸收剂中存在的微孔，并且使吸收剂晶粒长大，活性消失。煅烧气氛中存在 CO_2 对吸收剂活性保持不利。

（4）吸收压力和温度也对吸收剂的循环特性有一定影响。较高的吸收压力和吸收温度有利于吸收剂活性的保持。吸收气氛中 CO_2 的体积分数对循环特性几乎没有影响。

（5）B – CaO 吸收剂循环吸收容量稳定性明显高于 C – CaO 吸收剂。C – CaO 吸收剂在循环初始时所吸收的 CO_2 的量要高于 B – CaO 吸收剂，但随循环次数的增加，C – CaO 吸收剂所吸收的 CO_2 量明显下降，而 B – CaO 吸收剂保持了较高的稳定性。

（6）循环煅烧导致的烧结和晶体生长，使吸收剂中的小孔被逐步堵塞、封闭，吸收剂的比表面积和总孔容积大大减小，转化率降低。孔径分布表明，对比表面积贡献最大的为 2 ~ 10nm 孔径范围的孔隙，孔容积分布显示大于 10nm 的孔隙在总孔中占有很大比例。

6 CO_2 吸收剂循环特性改善研究

由前面的研究可知，以碳酸钙煅烧后产生的氧化钙作为 CO_2 吸收剂，其在化石能源直接制氢过程中，循环特性很差。当气化原料的流率一定时，每次循环中需要排除大量的旧吸收剂，并补充新鲜的吸收剂以满足生产要求，这样会造成大量的热量损失，同时对吸收剂的需求量大大增加。为此，对 CO_2 吸收剂的循环特性进行改善是十分必要的。

根据前文的分析，吸收剂在循环利用过程中，由于烧结和孔隙堵塞，比表面积和孔隙率不断减小，导致吸收剂的循环性能降低。因此，选择和添加合适的助剂以改善石灰石颗粒的孔结构是提高 C－CaO 转化率的一个重要途径。同时，结合化石能源直接制氢过程的特点，本章考虑从两个方面对吸收剂循环活性进行改善：一是从吸收剂本身出发，考虑添加微量添加剂；二是从制氢过程出发，根据吸收剂转化过程的特点，进行合理控制，保持吸收剂的高活性。

6.1 吸收剂改性实验方法及工况

6.1.1 吸收剂活性改善思路

第 5 章的研究表明，较高的煅烧温度和较长的煅烧时间容易使吸收剂发生烧结，使其比表面积和孔径大大减少。此外，吸收剂的反应活性和最终的转化率很大程度上取决于其比表面积、孔分布和孔容积等特性。而商业化的石灰石表面积很小，一般小于 $3m^2/g$，并且孔极小，几乎没有，其煅烧产物在吸收 CO_2 的过程中，很容易被生成的更大摩尔体积的 $CaCO_3$ 堵塞，从而阻止了 CO_2 穿过外部形成的产品层，与未反应的吸收剂接触、反应。这就导致了每次循环中，只有越来越少量的吸收剂能够发生反应，进行有效转化，从而使其吸收能力不断下降。因此，本节从吸收剂本身和循环过程的操作控制两个方面入手，对吸收剂活性进行改善。

6.1.1.1 从吸收剂本身考虑

从吸收剂本身出发考虑，可以从以下几个方面着手。

A 采用含有镁原子的白云石

前面的实验研究表明，B－CaO 吸收剂的循环特性要远远好于 C－CaO 吸收剂，具有较高的循环稳定性。从长远考虑，牺牲初始循环的高吸收性能来换取长效的较高稳定吸收是值得的，即将白云石在高温下煅烧，生成氧化钙和氧化镁的混合物，然后加入反应器内，进行碳酸化反应。在本节的实验条件下，混合吸收剂内的氧化镁难以与 CO_2 反应，生成热力学稳定的碳酸盐（$MgCO_3$），所以碳酸化反应中，只有氧化钙可以有效吸收 CO_2 转化为碳酸钙。根据该思路，循环流程如下所示：

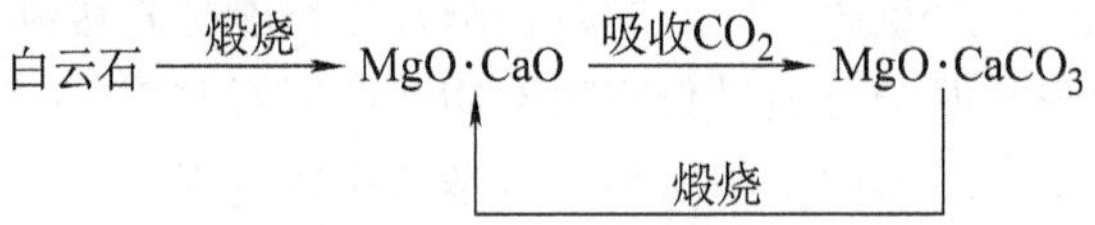

B 加入少量添加剂（NaCl，Na_2CO_3）

对钙基脱硫剂在烟气脱硫技术（FGD）中的应用研究表明，添加一定量的 Na_2CO_3，可以明显改善脱硫效率，其作用在于使得颗粒微孔的孔径增大，有利于反应气体在孔内的扩散。以此为参考，本节选用 NaCl 和 Na_2CO_3 作为添加剂，通过相应的物理过程，将其融入到碳酸钙粉末里，使其在吸收剂循环过程中，能够起到骨架的作用，减少孔的堵塞，以达到保持活性的目的。该过程吸收剂的循环流程如下：

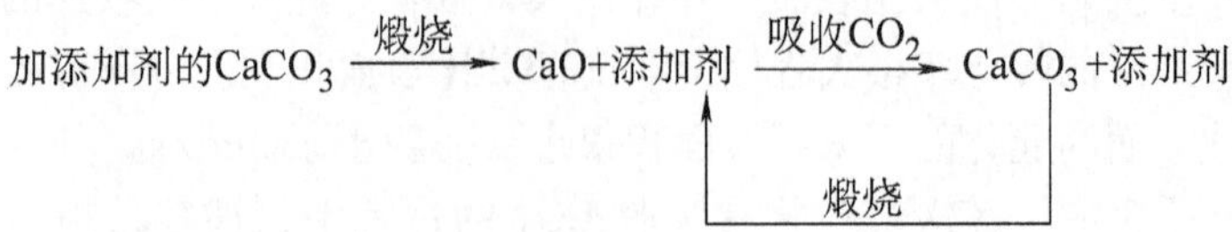

C 添加表面活性剂（木质素磺酸钙、十二烷基苯磺酸钠）

为了改善吸收剂的表面特性，我们采用了添加表面活性剂的方法，选用的表面活性剂为木质素磺酸钙（木钙）、十二烷基苯磺酸钠。将表面活性剂加入氢氧化钙的过饱和溶液中，通过共沉淀法制取高比表面积的碳酸钙（PCC），然后将该碳酸钙在高温下煅烧，生成P－CaO吸收剂，再进行循环特性实验。具体流程如下：

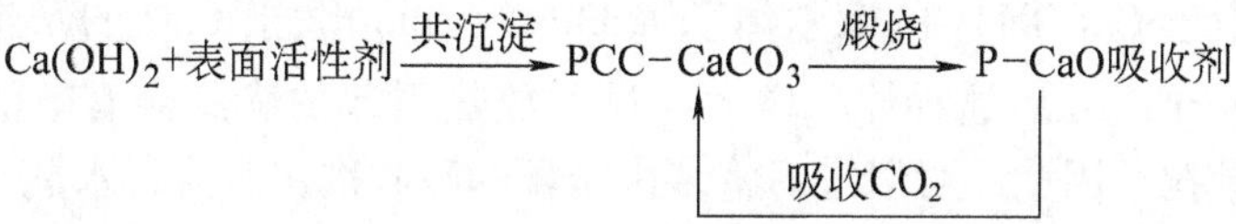

D　水合处理

每次循环实验中，碳酸钙完全煅烧生成氧化钙后，将样本从反应器内取出，在氮气气氛保护下冷却到室温，然后用蒸馏水对其进行液相水合处理，即让氧化钙首先与水反应生成氢氧化钙，20min 后重新将其放入反应器，吸收 CO_2。该思路的流程图如下所示，简称为 CWC 流程（未进行水合处理的过程简称 C－C 流程）。

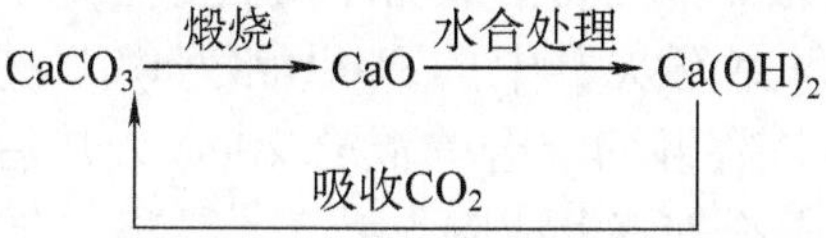

根据上面流程的实验结果，以氢氧化钙为吸收剂的起始循环物质，将其煅烧生成 H－CaO 吸收剂，然后进行与 C－C 过程类似的循环反应，考察由氢氧化钙煅烧产生的吸收剂的循环特性。具体流程如下所示：

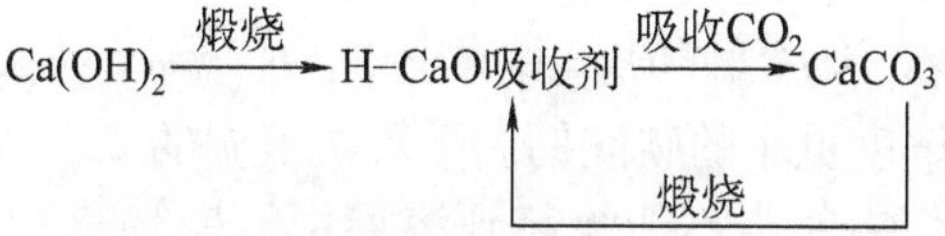

6.1.1.2　从循环过程的操作控制考虑

从合理控制气化过程出发，考虑以下两点：

（1）对反应器进行合理设计，选择恰当的加料位置，并合理控制反应器内的条件，使吸收剂进入反应器后首先与水蒸气反应生成 $Ca(OH)_2$，其流程如下所示，简称为 CHC 流程。

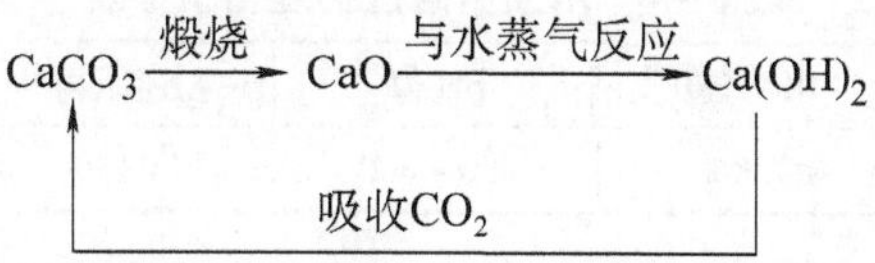

（2）当将 CaO 加入水或水蒸气中，将发生水合反应：

$$CaO + H_2O \longrightarrow Ca(OH)_2 + 66.5kJ/mol \qquad (6-1)$$

由于 $Ca(OH)_2$ 的摩尔体积（$33cm^3/mol$）大于 CaO 的摩尔体积（$16.9cm^3/mol$）这种体积增大与过程放热引起的膨胀会有效活化失活的颗粒。因此，可以考虑将多次循环的吸收剂用水或者水蒸气进行活化处理。

6.1.2　改性吸收剂样品的制备及工况

6.1.2.1　加入添加剂样品的制备

称取一定量的 NaCl 和 Na_2CO_3 分析纯试剂，配制成浓度为 20%（质量分数）的溶液，然后将溶液浇注在粒度范围为 50 ~ 150μm 的石灰石样本上，使每克石灰石中的 NaCl 和 Na_2CO_3 质量分数分别为 0.5%、1% 及 2%。将湿的混合物混合 20min，然后在 120℃ 下干燥 24h，待其中的水分全部蒸发掉后备用。

6.1.2.2　添加表面活性剂样品的制备

采用共沉淀法制取添加表面活性剂样品。该方法的原理为：相同温度下，氢氧化钙和碳酸钙在水中的溶解度不同。当向氢氧化钙的过饱和溶液中通入 CO_2 气体时，溶液中的 Ca^{2+} 离子就会与 CO_3^{2+} 发生反应，生成溶解度更小的碳酸钙。随着溶液中的 Ca^{2+} 离子被消耗掉，悬浮着的氢氧化钙就会不断溶解到溶液中，最终随 CO_2 的不断通入而全部转化为碳酸钙。

实验用十二烷基苯磺酸钠为北京化学试剂公司生产的分析纯试剂。木质素磺酸钙（木钙）由辽宁营口市星光外加剂有限责任公司生产，其外观为棕黄色粉末，木质素磺酸钙的含量为 55% ~ 60%，基本结构为苯基丙烷衍生物，理化指标见表 6 – 1。

表 6 – 1　木质素磺酸钙理化指标表

项　目	水　分	pH 值	还原物	水不溶物
指　标	≤7.0%	4.0 ~ 6.0	≤13%	≤1.5%

根据共沉淀法原理，制取实验装置如图6－1所示。该反应器内径150mm，高400mm，反应器内装氢氧化钙的过饱和溶液，由气瓶出来的CO_2气体通入反应器底部，反应过程的温度和pH值变化由记录仪连续记录，由热电偶观察沉淀过程中溶液的稳定变化，具体过程如下：

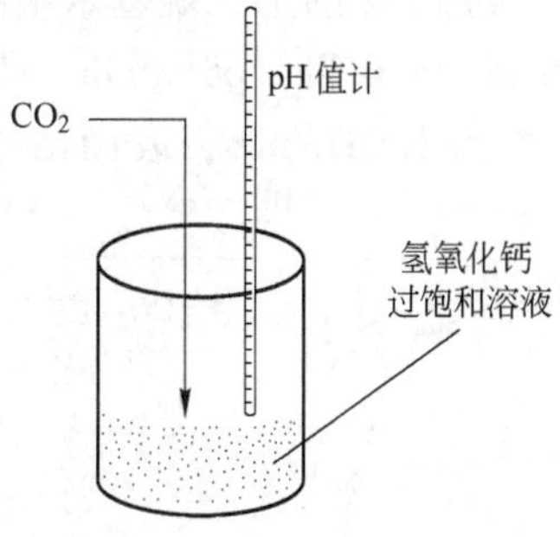

图6－1 共沉淀法制取高活性吸收剂示意图

用量筒量取500mL蒸馏水倒入碳酸化反应器内，加入0.026g十二烷基苯磺酸钠或木钙，称取12.8g氢氧化钙，这样溶液的浓度为2.56%，即制得的氢氧化钙溶液的浓度为其饱和溶液浓度的16倍（100g水可溶解约0.16g氢氧化钙）。氢氧化钙的溶解使得开始制备时溶液的pH值达12，其余的氢氧化钙悬浮在溶液中。

溶液配备好后，开始通入CO_2气体，气体纯度为99.9%，速率为2.38L/min，溶液的pH值由Delta320型pH值计连续记录。

CO_2在水中溶解并与钙离子发生反应，生成溶解度更低的碳酸钙（碳酸钙在水中的溶解度约为100g水溶解0.0012g碳酸钙）。随着反应的进行，钙离子被逐步消耗掉，悬浮态的氢氧化钙逐步溶解到溶液中，于是，开始一段时间内溶液的pH值保持在12以上。当反应进行到一定程度，氢氧化钙最终被完全消耗掉，钙离子的浓度也无法保持在饱和极限内。同时，由于CO_2的溶解，溶液中出现游离态的H^+，导致溶液呈现酸性。最终溶液的pH值稳定在6.0左右，这对应于室温下CO_2饱和溶液的pH值，这也标志着所有的氢氧化钙被完全碳酸化，共沉淀过程完成。

对沉淀物进行真空过滤，在温度100℃的干燥箱中干燥24h除去水分。

改变 CO_2 气体的流速或添加不同种类、不同量的表面活性剂，采用上述流程重新制备新的样品。

由共沉淀法制取活性石灰石的过程曲线如图6－2及图6－3所示。图6－2中曲线为添加2%的十二烷基苯磺酸钠，通入反应器内的 CO_2 流速分别为2.38L/min和1.68L/min。图6－3为添加木钙的沉淀曲线，CO_2 流速均为1.68L/min，表面活性剂的添加量分别为

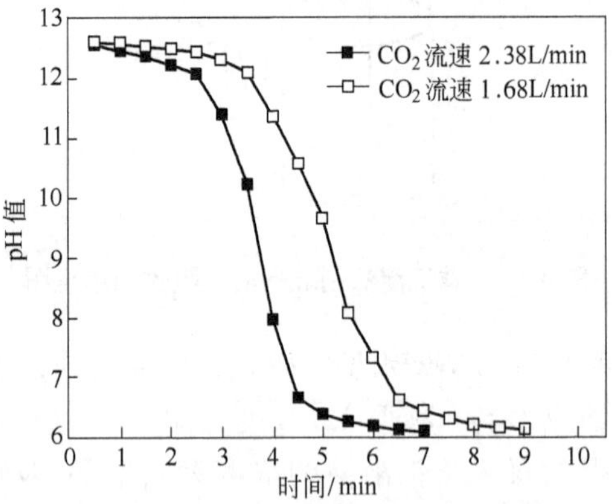

图6－2　不同 CO_2 流速下pH值的变化

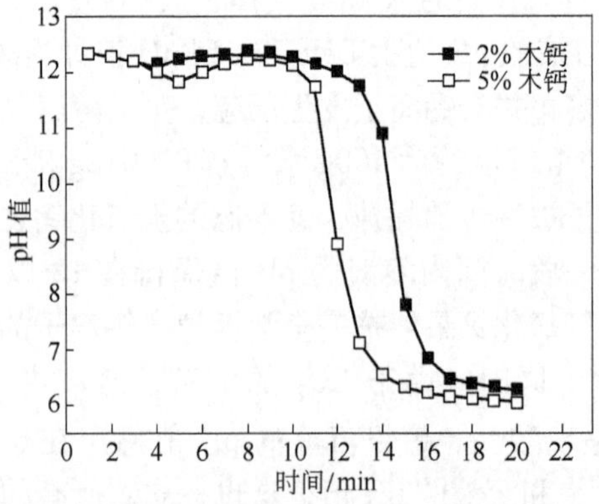

图6－3　活性剂添加量不同时pH值的变化

2% 和 5%。由图可以看出，通入氢氧化钙悬浮液中的 CO_2 流速不同时，pH 值随时间的变化有所不同，但溶液中的氢氧化钙最终都会全部转化为碳酸钙，从而沉淀下来，使得溶液呈酸性。

由图6－2 和图6－3 还可以看出，较高的 CO_2 流速和较高含量的表面活性剂可以加速沉淀过程的完成。添加十二烷基苯磺酸钠时，沉淀过程主要发生在 3～7min 范围内，而添加木钙所需要的时间相对较长，为 10～17min。

6.1.2.3 实验工况

根据吸收剂循环特性改善研究的思路，制定的实验工况如表6－2所示，吸收剂样本表示经过处理而未经煅烧的原始样品，吸收压力一栏中，工况 1～11 均为常压煅烧、常压碳酸化，工况 12～14 为常压煅烧，煅烧气氛仍为 30% CO_2、70% N_2，而碳酸化反应的压力分别为水蒸气分压 0.8MPa 和 0.4MPa，CO_2 分压均为 1.0MPa。各工况的煅烧时间均为 15min，煅烧温度均为 900℃，煅烧气氛均为 100% N_2，煅烧压力均为 0.1MPa，吸收时间均为 30min。

表6－2 吸收剂循环特性改善实验表

工况	实验样本及路径	吸收温度/℃	吸收压力/MPa	吸收气氛
1	加 0.5% NaCl	650	0.1	30% CO_2，70% N_2
2	加 1% NaCl	650	0.1	30% CO_2，70% N_2
3	加 4% Na_2CO_3	650	0.1	30% CO_2，70% N_2
4	加 2% 十二烷基苯磺酸钠，CO_2 流速为 1.68L/min	650	0.1	30% CO_2，70% N_2
5	加 2% 十二烷基苯磺酸钠，CO_2 流速为 2.38L/min	650	0.1	30% CO_2，70% N_2
6	加 2% 木钙，CO_2 流速为 1.68L/min	650	0.1	30% CO_2，70% N_2
7	加 5% 木钙，CO_2 流速为 1.68L/min	650	0.1	30% CO_2，70% N_2
8	碳酸钙每次水合处理	650	0.1	30% CO_2，70% N_2

续表 6-2

工况	实验样本及路径	吸收温度/℃	吸收压力/MPa	吸收气氛
9	氢氧化钙	650	0.1	30% CO_2，70% N_2
10	氢氧化钙	700	0.1	30% CO_2，70% N_2
11	碳酸钙多次循环后活化	650	0.1	30% CO_2，70% N_2
12	碳酸钙先通水蒸气后通 CO_2	700	水蒸气分压 0.8MPa；CO_2 分压 1.0MPa	
13	碳酸钙先通水蒸气后通 CO_2	650	水蒸气分压 0.8 MPa；CO_2 分压 1.0MPa	
14	碳酸钙多次循环后活化	650	水蒸气分压 0.4MPa；CO_2 分压 1.0MPa	

为了减少实验误差，每个工况进行 2~3 次的实验研究，对计算结果取平均值。

6.1.3 实验过程

实验仍选用图 3-1 的实验装置，结合水蒸气处理和活化吸收剂的需要，配备了水蒸气发生器。将管式反应器按两段式考虑，反应器中心温度保持在 900℃以下，以满足煅烧过程的需要，利用热电偶逐点测量，确定反应器中心温度稳定 900℃时，反应器上端温度为 650℃与 700℃的位置，在吸收反应进行时，该点安装一热电偶进行时时测温。实验步骤如下：

（1）称量一定量改性吸收剂样品置于样品盘内。

（2）打开温控仪，使反应器在氮气气氛中升到预期温度。

（3）将样品盘加入反应器，煅烧 15min。

（4）煅烧结束后，取出样品盘冷却，称量其质量 M_n。

（5）打开 CO_2（纯度 99.9%）气瓶的阀门，并调节氮气流量计的阀门，使得反应气体中 CO_2 约占 30%。

（6）将样品重新加入反应器，提升其位置，使其处于碳酸化温度处，碳酸化 30min。

（7）碳酸化结束后，关闭 CO_2 气瓶的阀门，取出样品盘，冷却后称其质量 M_{n+1}。

（8）通过吸收反应前后 M_{n+1} 与 M_n 的差值确定 CO_2 被吸收的量。

（9）重复步骤（3）~（8），进行循环实验。

进行吸收前水蒸气处理实验时，步骤（4）后转到步骤（10）：

（10）将样品加入耐压反应器内。

（11）将反应器放入坩埚电阻炉内。

（12）等反应器内温度升高到预期的水蒸气加入温度时，打开水蒸气发生器的阀门，同时开启加压反应器的放气阀，调节阀门开度，使反应器内的压力保持预定的值并稳定。

（13）一定反应时间后，关闭水蒸气阀门，打开 CO_2 气瓶阀门，使反应器内压力稳定在预期值，温度升高到反应温度后，保持设定的反应时间。

（14）反应结束后，取出反应器冷却。

（15）取出样品并称量质量 M_{n+1}。

（16）重复过程（3）~（15），进行水蒸气处理循环实验。

多次循环后吸收剂的活化，按步骤（3）~（15）进行。

根据每次实验中最初加入的吸收剂的质量，确定其摩尔数，即式（5-1）中的分母 M_{CaO}。由碳酸化反应结束后的样品质量 M_{n+1} 与煅烧结束后的样品质量 M_n 之差，求得每次循环中吸收剂所吸收的 CO_2 的质量，从而确定式（5-1）中的分子，即第 n 次循环中吸收的 CO_2 的量 M_{nCO2}，确定第 n 次循环中吸收剂的最大转化率 X_n。

6.2 实验结果及分析

6.2.1 添加剂对吸收剂活性的影响

按表 6-2 中的工况 1~3，对 NaCl 和 Na_2CO_3 添加剂对吸收剂循环特性的影响进行了研究，结果如图 6-4 所示。

由图 6-4 可以看出，添加了氯化钠和碳酸钠的碳酸钙的吸收能力急剧下降，最初的吸收能力仅有不到 40%，之后的衰减极其缓慢。对于添加了 NaCl 的吸收剂，其活性要高于添加了 Na_2CO_3 的吸收剂，如前者的活性稳定在 35% 左右，而后者不到 25%，且在第 3 次循环就降到了 20% 以下，因此 4 个循环后未对其进行进一步的实验。而且添加剂的量对吸收剂的活性有一定影响，由实验发现，添加剂量为 0.5% 的吸收剂活性比添加 1% 的吸收剂活性平均约高 5%。

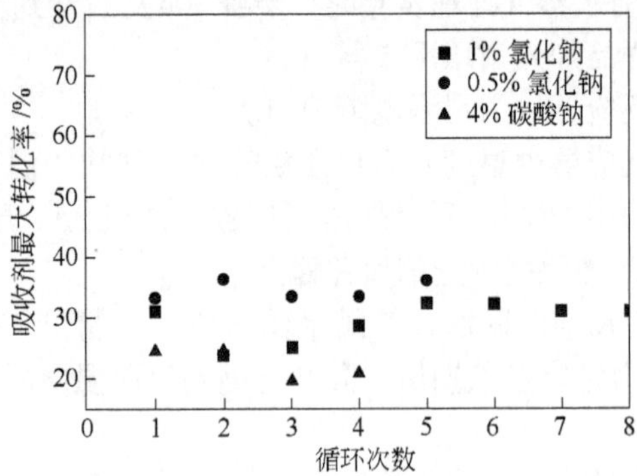

图 6-4 添加 NaCl 和 Na_2CO_3 的吸收剂的循环特性

由上述分析可知，NaCl 和 Na_2CO_3 添加剂稳定了吸收剂的循环吸收性能，但使吸收剂的转化率从一开始就变得很低，所以钠盐不适合做高温钙基 CO_2 吸收剂的添加剂。

6.2.2 共沉淀法制备的吸收剂循环特性

添加表面活性剂十二烷基苯磺酸钠和木制素磺酸钙、由共沉淀法制得的吸收剂的循环特性实验结果见图 6-5 和图 6-6。

由图 6-5 可以看出，由共沉淀法制取的添加表面活性剂的吸收剂的循环特性得到极大的改善，在其他条件完全相同的条件下，其循

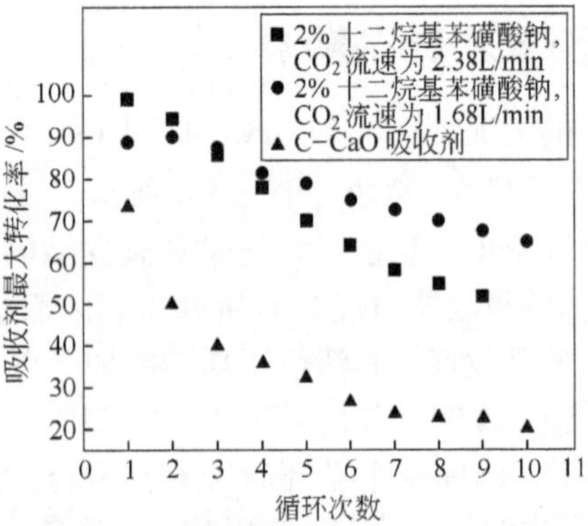

图 6-5 不同 CO_2 流速下制取的吸收剂的循环性能

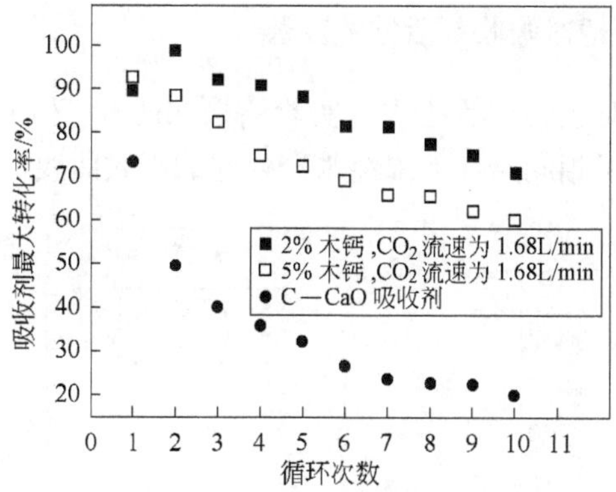

图6－6 添加不同量木钙时吸收剂的循环特性

环吸收能力平均提高约40%。如 CO_2 流速为2.38L/min 时制得的吸收剂，第1次循环中最大转化率达98.8%，而C－CaO 吸收剂的转化率仅为73.4%。制取过程中 CO_2 的流速对吸收剂的循环稳定性也有一定影响。由结果可知，CO_2 流速为2.38L/min 时制得的吸收剂在最初的循环中具有较高的转化率，为98.8%，而 CO_2 流速为1.68L/min 时制得的吸收剂的转化率为88.8%，略低于前者。但随着循环次数的增加，前者的转化率很快下降，到第9次循环时降为51.5%，而后者仍保持为67.5%，远高于前者。可见 CO_2 流速为1.68L/min 时制得的吸收剂的吸收性能要相对稳定一些。

由图6－6可以看出，添加木钙做表面活性剂同样可以使吸收剂的循环特性得到极大的改善。如添加木钙制得的P－CaO 吸收剂，虽然随着循环次数的增加，最大转化率呈下降趋势，但两种P－CaO 吸收剂的转化率在前5次循环中都保持在75%～98%之间，到第10次循环时，分别降为71%和60%，但仍远远高于C－CaO 吸收剂。添加量不同时，吸收剂的循环转化率也有所不同，如其他条件相同时，添加5%木钙的吸收剂的循环吸收能力反而比添加2%木钙的吸收剂的循环吸收能力低，相应的每次循环约低10%左右。这也说明，表面活性剂的条件并不是越多越好，最佳的添加量可以使吸收剂的性能达到最高。

6.2.3 水合处理对吸收剂活性的改善

水合处理对吸收剂活性改善实验结果如图 6－7 所示。为便于比较，图中给出了相同条件下未经水合处理的吸收曲线。

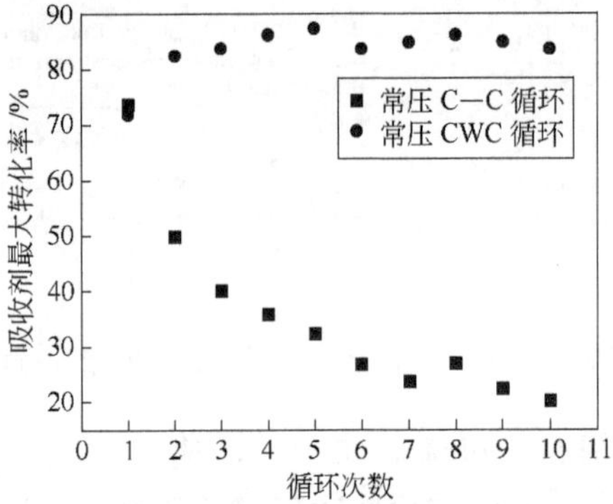

图 6－7 C－C 循环和 CWC 循环吸收能力的比较

由图 6－7 可以看出，对完全煅烧的吸收剂进行水合处理可以有效地保持吸收剂的活性。实验分析发现，在所进行的 10 次循环实验中，吸收剂的活性基本保持在 85% 左右，最高时达 87.5%，且未发现有下降的趋势。而相同的实验条件下，用 C－CaO 吸收剂直接与 CO_2 进行反应时，其活性下降很快，10 次循环结束后，其活性只有 20%。

为了对该实验进行进一步的验证，取分析纯氢氧化钙（北京化学试剂公司生产）进行了实验。该过程首先在碳酸化温度下将吸收剂放入反应器，当气氛中水蒸气分压为 0 时，氢氧化钙的脱水温度为 580℃，这时通入混合气体（成分同前）。反应进行时，首先发生氢氧化钙的脱水反应：

$$Ca(OH)_2 \longrightarrow CaO + H_2O \tag{6-2}$$

生成 H－CaO 吸收剂，然后再与气氛中的 CO_2 发生碳酸化反应，即与 C－C 过程相同的循环。实验结果如图 6－8 所示。

由图 6－8 可以看出，虽然 H－CaO 吸收剂的活性随循环次数也呈现下降趋势，但同一次循环中其活性明显高于 C－CaO 吸收剂。这

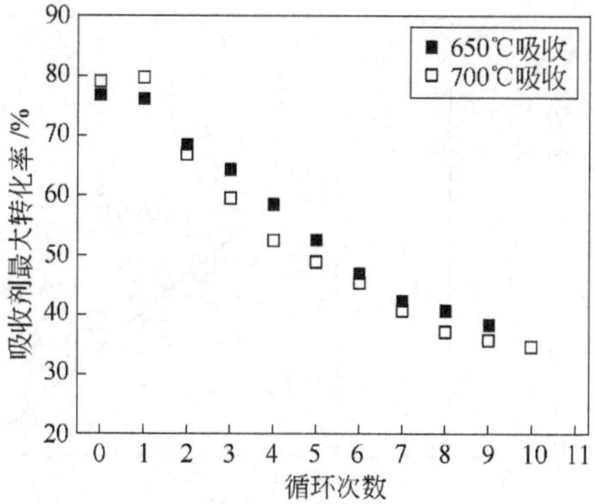

图 6-8 H-CaO 吸收剂的循环特性

是由于氢氧化钙的摩尔体积远大于氧化钙的摩尔体积，由氢氧化钙向碳酸钙转化时摩尔体积变化较小，孔隙被堵塞的程度减小。

Lee 的研究[88]表明，$CaCO_3$ 煅烧生产的氧化钙呈对称的圆柱结构，一般直径约为 10nm，而由 $Ca(OH)_2$ 煅烧生成的氧化钙粒子为裂缝形状，大部分的裂缝宽度约为 2.7nm。与 H-CaO 吸收剂相比，C-CaO吸收剂的孔体积分布在较小的孔内，较易发生孔口闭塞及孔堵塞。虽然两种吸收剂的颗粒内部与 CO_2 的反应活性都是一样的，但是由于颗粒内孔结构的不同，随着反应进行，具有圆盘状结构的孔更有利于反应物通过不断增长的产物层，而且仍旧保持较大的孔隙率，从而达到较大的转化率。

6.2.4 水蒸气预处理对吸收剂活性的改善

在吸收剂与 CO_2 反应前，通入一定压力的饱和水蒸气，对吸收剂进行吸收前处理。式（3-15）反应温度与水蒸气分压的平衡曲线如图 6-9 所示。

由图 6-9 可知，200℃时，水蒸气与 $Ca(OH)_2$ 反应的平衡分压仅为 0.0001 个大气压，当温度升高到 700℃时，平衡压力增加到 1.63MPa。可见，在本节研究的碳酸化范围内，对吸收剂进行水蒸气处理时需要的压力比较低。

实验中，当反应器温度升高到 450℃时，分别通入 0.4MPa 和

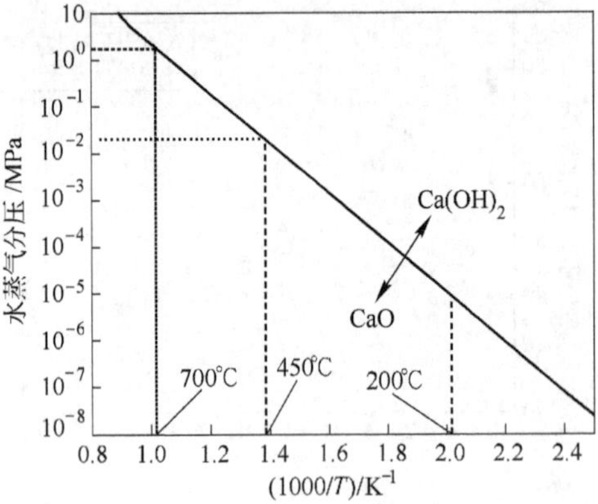

图 6-9 式（3-15）反应温度与水蒸气分压的平衡曲线

0.8MPa 的水蒸气对吸收剂进行处理，反应时间为 15min。结束后将进气阀转换到 CO_2 气瓶上，待反应器温度升高到预定的碳酸化温度时，通入 CO_2 气体，进行吸收反应，反应时间为 25min。实验结果如图 6-10 所示。

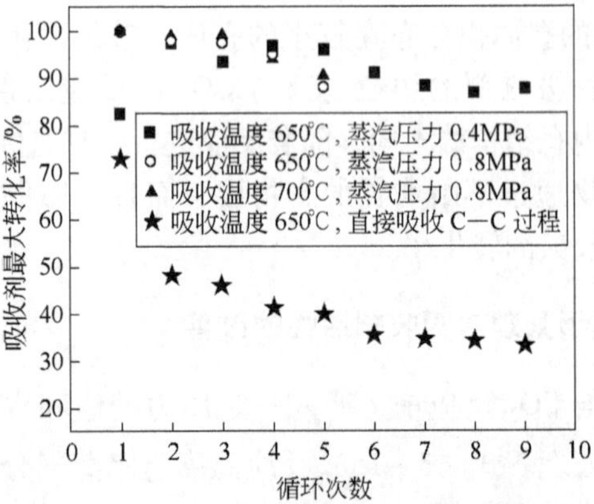

图 6-10 CHC 过程（水蒸气处理）的吸收剂循环特性

由实验结果可知，对吸收剂进行水蒸气前处理可以获得良好的效果。循环过程中，吸收剂转化率没有出现明显衰减，并且保持了相当高的转化率。三种工况下，第 5 次循环中，吸收剂的最大转化率仍保持在 90% 左右，比未经水蒸气处理的吸收剂高约 50%。继续增加循环次数，吸收剂最大转化率只有微小波动，第9次循环的转化率约为88%，而未经处理的吸收剂的转化率进一步衰减，只有32%。

水蒸气处理对吸收剂活性的明显改善效果，指明了化石能源直接制氢吸收剂循环特性改善的方向。直接制氢的气化介质恰恰是高压水蒸气，合理设计反应器的加料位置，运行中合理控制进料顺序及反应器内的条件，使吸收剂（氧化钙）尽量先与水蒸气反应形成氢氧化钙，然后再吸收 CO_2。这样可以使化石能源直接制氢过程在不需要任何添加剂或辅助手段的条件下，有效保持吸收剂的活性，满足吸收剂循环利用的要求。

6.2.5 水和水蒸气对吸收剂的活化

多次循环后严重失活的吸收剂，如果对其活化后重新利用，可以使资源的利用得到最大化，而活化方法的选择至关重要，它必须满足活化吸收剂成本远低于采用新鲜吸收剂成本的要求，同时要易于操作。本节根据化石能源直接制氢的特点，分别选择水和水蒸气为活化剂，对吸收剂进行再活化实验。碳酸钙的煅烧产物经10次900℃煅烧及700℃碳酸化循环后，其最大转化率约为30%。再次煅烧后，用蒸馏水对其进行水合处理，20min后再将其加入反应器碳酸化，其活化后的吸收剂的最大转化率如图6-11所示。

碳酸钙的煅烧产物经9次900℃煅烧及650℃碳酸化循环后，其最大转化率约为22%，第10次煅烧后，将样品加入耐压反应器，反应器温度升到150℃时，通入0.4MPa的饱和水蒸气对其进行处理，反应时间为20min。经水蒸气处理后的吸收剂最大转化率如图6-11所示。

由图6-11可知，经水合处理后，吸收剂的最大转化率由30%恢复到72.6%，约为吸收剂最初转化率的95%。而经水蒸气处理的吸收剂，最大转化率由22%恢复到51%，为吸收剂最初转化率的77%。实验表明，多次循环利用后的吸收剂，可以以水或水蒸气为活化剂，通过水合处理来进行活化。这样的过程操作简单，材料廉价易得。

值得注意的是，将蒸馏水浇于吸收剂上，可以使吸收剂发生完全

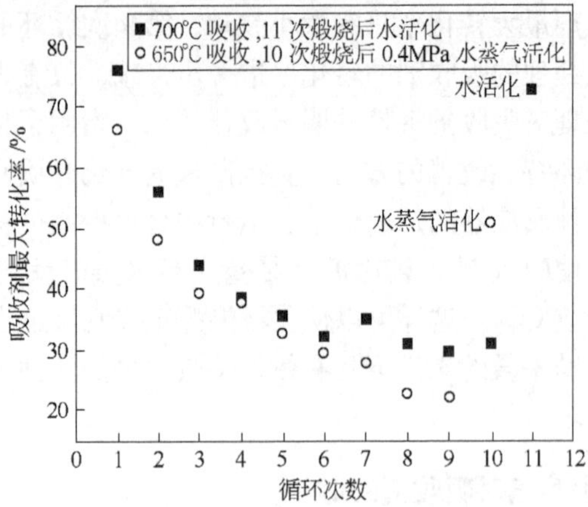

图 6－11　水及水蒸气对吸收剂的活化

的水合反应，吸收剂的活化更为完全。而采用水蒸气处理时，由于多次循环后吸收剂的烧结及孔的封闭都较为严重，水蒸气穿过孔隙活化颗粒内部的吸收剂会受到重重阻力，导致一定时间内，吸收剂只有部分被活化。但水活化时，循环的吸收剂温度将被大大降低，造成较大的能量损失；采用水蒸气活化时，气化剂可以选用废热锅炉排出的废热水蒸气，吸收剂降温小，热量的损失也相对较小。因此，两种活化各有优缺点，需要结合系统其他部件综合考虑。

6.3　不同改性过程特征分析

6.3.1　吸收剂表面形态观察

为了分析吸收剂改性过程引起的吸收剂形态的变化，确定引起吸收剂性能提高或降低的原因，对过程进行了取样分析，部分样品的 SEM 图像如图 6－12 所示。

添加了 NaCl 的吸收剂表面（见图 6－12）为裂纹片状结构，主要由呈“孤岛”状的颗粒和具有高度连通的孔隙组成。其颗粒没有发生烧结，颗粒间的孔隙连通性较好。由于添加剂的存在，使得吸收剂具有一定程度的抗烧结性，在发生碳酸化反应后不会很快出现孔堵

图6－12　添加0.5% NaCl的吸收剂循环5次吸收后的吸收剂表面

塞乃至关闭，所以循环吸收能力稳定。但同时也使得CaO晶粒团之间相互接触的几率减小，从而导致比孔容积、比表面积减小，吸收剂的吸收能力也随之大大降低。

图6－13和图6－14分别为添加2%木钙和十二烷基苯磺酸钠循环10次碳酸化后的吸收剂表面。

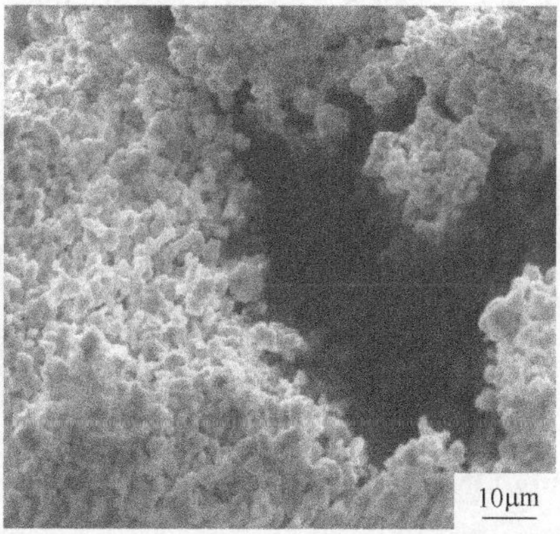

图6－13　添加2%木钙循环10次吸收后的吸收剂表面

从图6－13中可以看出，添加表面活性剂后，吸收剂表面与纯碳酸钙完全不同，为多孔性结构。其表面的小孔分布均匀，颗粒没有圆

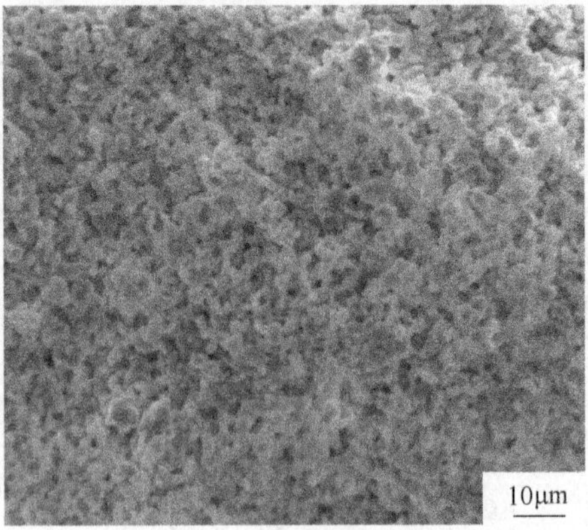

图 6 – 14　添加 2% 十二烷基苯磺酸钠循环 10 次吸收后的吸收剂表面

化，且没有发生烧结，颗粒间的孔隙连通性较好。添加十二烷基苯磺酸钠的吸收剂的表面比添加木钙的吸收剂表面相对要致密一些，循环中两者的转化率基本接近。

图 6 – 15 为 CWC 过程循环 11 次煅烧后的吸收剂表面，图 6 – 16 为 CWC 过程循环 11 次吸收反应结束后的吸收剂表面。

图 6 – 15　CWC 过程循环 11 次煅烧后的吸收剂表面

由图 6 – 15 可以看出，CWC 过程循环 11 次煅烧后的吸收剂表面与 C – C 过程循环 10 次煅烧后的吸收剂表面见图 5 – 18 完全不同，其不但没有发生烧结，颗粒间的孔隙连通性好，而且孔径分布均匀，

图 6-16 CWC 过程循环 11 次吸收后的吸收剂表面

没有大孔径出现。其表面均匀分布着小孔，在循环过程中也表现出了很好的吸收稳定性。吸收剂的吸收能力也没有随循环次数的增加而出现下降趋势。图 6-16 所示的吸收剂表面颗粒表面形态也与 C-C 过程完全不同（图 5-19）。正是这种多孔的网状结构，使该过程吸收剂的转化率得到有效保持。

图 6-17（a）为以氢氧化钙煅烧产物作吸收剂循环 10 次后的 SEM 照片，为便于比较，给出了 C-CaO 吸收剂循环 10 次后的 SEM 图片。

由图 6-17 可以看出，尽管中间的循环过程相同，但由于吸收剂的初始状态不同，其孔隙结构和形态完全不同。由 $Ca(OH)_2$ 煅烧生成 CaO 进行循环反应，尽管已经历 10 次煅烧，但碳酸化后的表面仍呈现均匀的圆形多孔结构，且没有烧结发生，也没有致密状的团状结构存在，说明相同循环条件和次数下，由 $Ca(OH)_2$ 煅烧生成的 CaO 具有更高的循环转化率和稳定性。

图 6-18 为吸收剂经历煅烧—水蒸气处理—碳酸化各个阶段的吸收剂表面，图 6-18（a）~（c）为第 1 次循环中各阶段的 SEM 照片，图 6-18（d）~（f）为第 10 次循环中各阶段的 SEM 照片。

由图 6-18 可以看出，初次煅烧生产的 CaO 经水蒸气处理后，形成了圆球状颗粒，大小均一，碳酸化后的颗粒比较分散；若循环

图 6－17　$Ca(OH)_2$ 与 $CaCO_3$ 煅烧的 CaO 循环 10 次后的 SEM 图

（a）H－CaO 吸收剂循环 10 次；（b）C－CaO 吸收剂循环 10 次

10 次后再用水蒸气处理，则处理后的颗粒表面虽然有一定程度的改善，但相同时间内，严重烧结的颗粒难以被活化，所以表面形态并没有像第 1 次处理后有那么大的改善，重新碳酸化的晶粒也相对致密一些。

图 6－19（b）所示为吸收剂循环 10 次用蒸馏水活化后，重新碳酸化的表面。其与图 6－19（a）所示的形态完全不同，但与图 6－16 具有相似的表面结构。

图6－18 经水蒸气处理的吸收剂表面形态变化

(a) 碳酸钙第1次煅烧（CaO）；(b) 第1次水蒸气处理后；(c) 第1次水蒸气处理碳酸化后；(d) 碳酸钙第10次煅烧（CaO）；(e) 第10次水蒸气处理后；(f) 第10次水蒸气处理碳酸化后

(a)

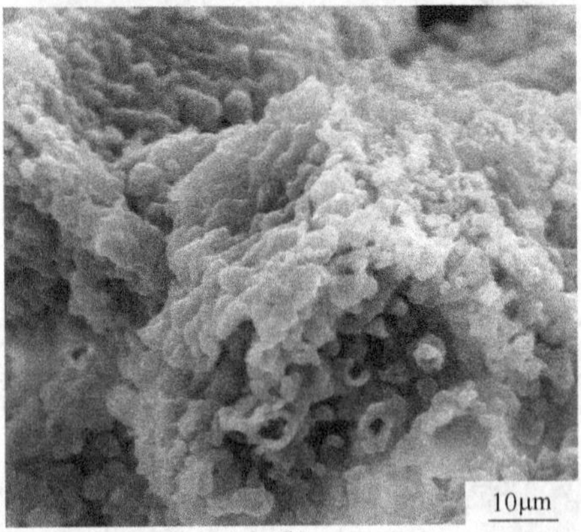

(b)

图 6－19 未经活化的与用 H_2O 活化的吸收剂碳酸化后的表面

(a) 未经处理的吸收剂碳酸化后的表面；(b) 用 H_2O 活化的吸收剂碳酸化后的表面

可见，活化处理完全改变了吸收剂的晶体结构，水合反应使烧结的晶粒得到恢复，摩尔体积的膨胀也使堵塞的小孔得到疏通，吸收剂活性有效改善。从图中还可以看出，由于部分严重烧结的 CaO 晶粒没有被活化，存在少量的大空隙，因此吸收剂的活性没有得到完全的恢复。

6.3.2 吸收剂比表面积和孔隙率变化分析

为了进一步确定吸收剂活性改善操作对吸收剂的比表面积和孔隙

结构的影响，对改性后的吸收剂进行了比表面积和孔分布测量，方法与第5章相同。

首先分析了利用共沉淀法制取的吸收剂的比表面积的变化，结果如图6－20所示。

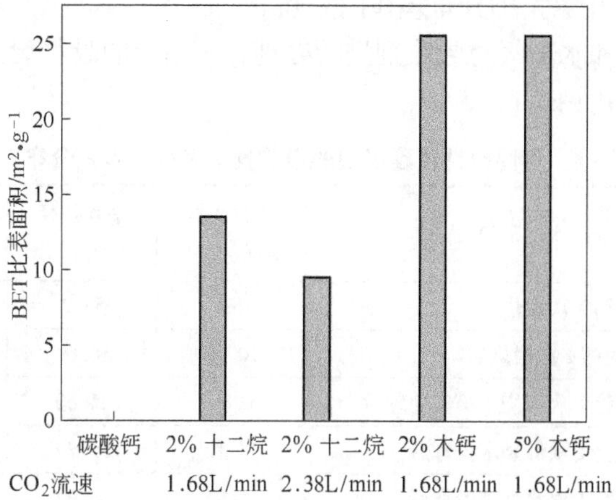

图6－20 共沉淀法制得的吸收剂比表面积的变化

从图6－20可以看出，原始的碳酸钙颗粒比表面积仅为0.12m^2/g；添加十二烷基苯磺酸钠的吸收剂，其比表面积增加到9.5～13.5m^2/g；而添加木钙的吸收剂的比表面积的改善更为明显，其比表面积增加到25.5m^2/g左右，几乎为原来的200倍还多。而且从循环特性的研究结果可看出，添加改性剂的吸收剂，其循环特性的确得到很大改善，吸收剂的活性衰减要缓慢得多。

随着比表面积的增大，CaO的转化率增大，如比表面积为13.5m^2/g和9.58m^2/g的两个样品。但随着循环次数的增加，比表面积大的吸收剂循环转化率降低很快，而比表面积小的反而比较稳定。同时，比表面积相同时，循环转化率也有差别。对于比表面积为25.5m^2/g和25.3m^2/g的两个样品，随着循环次数的增加，转化率的差别也在增大。这种现象的出现，除了样品本身可能存在的不均匀性及实验误差外，一个更重要的原因可能是比表面积只是衡量CaO循环性能的一个参数，而不是全部。由于孔扩散阻力及孔堵塞的影响，仅仅根据比表面积的大小来判断吸收剂循环特性的好坏是不可取的，必须充分考虑孔分布特性对于吸收剂吸收性能的影响。当孔容积（孔隙率）一定时，比表面积越大，孔隙中的细微孔的数量越多，碳酸化过程中越易出现孔堵塞现象。因此，除了比表面积的大小外，还要考虑 CaO 孔隙大小分布规律的差别。

利用水和水蒸气对吸收剂进行处理，其引起的吸收剂比表面积及孔分布的变化见表 6－3。

表 6－3　不同改性过程引起的吸收剂比表面积和孔分布变化

序号	样品种类	比表面积 /$m^2 \cdot g^{-1}$	平均孔径 /nm	总孔体积 /$mL \cdot g^{-1}$
1	碳酸钙 1 次煅烧后	16.2	58.2	0.24
2	2% 木钙 1 次煅烧后	10.79	56.69	0.15
3	碳酸钙 1 次煅烧水蒸气处理后	6.09	45.60	0.069
4	碳酸钙 1 次煅烧水处理后	13.12	35.29	0.12
5	碳酸钙 1 次水处理煅烧后	25.92	56.64	0.36
6	碳酸钙 10 次煅烧后	4.34	44.16	0.048
7	每次水蒸气处理 10 次煅烧后	12.67	58.57	0.19

由表 6－3 可以看出，利用水对煅烧后的吸收剂进行处理，形成的产物比表面积有所减小，如原生碳酸钙煅烧后的 CaO 比表面积为 $16.2m^2/g$，经水处理后完全转化成 $Ca(OH)_2$，比表面积变为 $13.12m^2/g$。而用水蒸气处理的吸收剂，比表面积减少为 $6.09m^2/g$，这是由于水蒸气与水的形态不同，反应生成的产物的晶体结构有所差异。将用水处理后的吸收剂重新进行煅烧，比表面积有了很大的增加，变为 $25.92m^2/g$，总孔容积和大大增加。可见，水和水蒸气处理对吸收剂比表面积的巨大改善。

分析发现，比表面的增加与吸收剂的最大转化率并不完全一致。由图 6－7 可以看出，C－C 过程吸收剂第一次的最大转化率和经水处理的 CWC 过程几乎相同，并没有出现明显的增加。因此，可以推测由水处理增加的吸收剂比表面积在第一次循环中并没有得到利用。随着循环次数的增加，CWC 过程吸收剂的转化率一直较高，且比较稳定，可见这些比表面积在后续的循环中改善了气体在吸收剂孔隙内的扩散情况，稳定了吸收剂转化率。

对吸收剂经 CHC（每次水蒸气处理）过程 10 次煅烧后的样品分析发现，其比表面积为 $12.67m^2/g$，总孔体积为 0.19mL/g，而 C - CaO 吸收剂循环 10 次后，其比表面积下降为 $4.34m^2/g$，只有 CHC 过程的 35% 左右，总孔体积下降为 0.048mL/g，仅为 CHC 过程的 25%。这又一次表明了水蒸气处理对吸收剂循环特性的改善。

上面的多处分析表明，吸收剂的比表面积只是衡量吸收剂活性的一个方面，而孔隙结构和孔径分布也有重要影响。

水蒸气处理过程对吸收剂在 BET 测量过程中的吸附量的影响如图 6 - 21 所示。由图可以看出，水蒸气处理减缓了吸收剂孔隙的缩减和堵塞，使得其在低温氮吸附测量中的吸附量并没有像 C - C 过程那样下降。

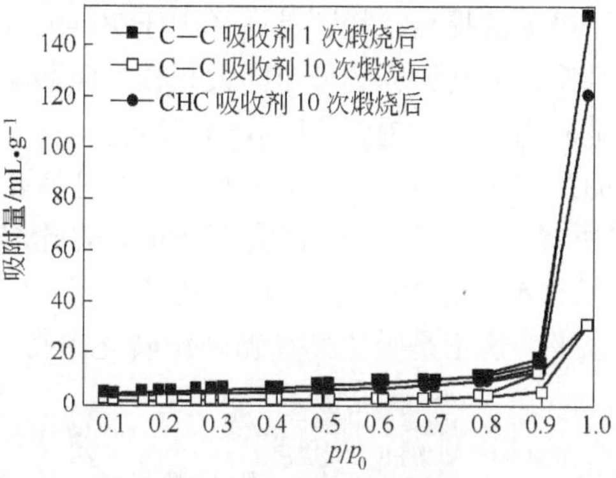

图 6 - 21　水蒸气处理对吸收剂的氮吸附量的影响

水蒸气处理过程中吸收剂的孔隙分布情况如图 6 - 22 和图 6 - 23 所示。图 6 - 22 为吸收剂的孔面积的分布，图 6 - 23 为孔容积的分布。

由图 6 - 22 可以看出，对比表面积贡献最大的孔径主要介于 2 ~ 10nm 范围内，孔径超过 10nm 的孔隙对比表面积的贡献非常小。未经处理的吸收剂循环 10 次后，孔的比表面积分布在孔径大于 10nm 的范围变化很小，这些孔在转化过程中允许的扩散速率较大，维持了

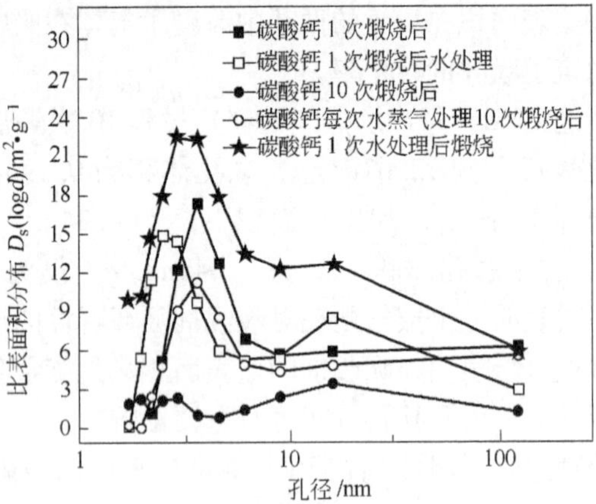

图6-22 水和水蒸气处理对吸收剂比表面积分布的改善

吸收剂的转化。而经水和水蒸气处理的吸收剂，其比表面积在整个孔径范围内都有了很大的提高，特别是孔径大于10nm的比表面积改善更为明显。改性操作使孔面积的分布向大孔径方向移动，使吸收剂转化过程中的扩散阻力减小，提高了吸收剂的转化。

图6-23的孔容积分布表明，水和水蒸气处理使孔容积在整个孔径范围内都有所提高，特别是孔径大于10nm的孔容积明显增加。CHC过程中的吸收剂经过10次循环后，孔径大于10nm的孔容积分布仍保持较高水平，这正是吸收剂在循环中转化率得以维持的原因。

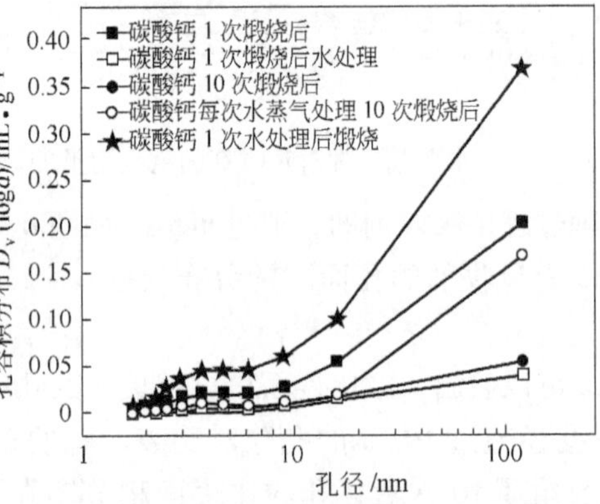

图6-23 水和水蒸气处理对吸收剂孔容积分布的改善

孔径超过10nm后孔容积呈现上升趋势，说明样品中孔径大于10nm的孔隙仍占有很大的比例，对孔容积有重大贡献，而水和水蒸气处理削弱了该范围内孔容积分布的下降，改善了吸收剂的循环特性。

根据引起吸收剂循环活性衰减的原因，本章采用不同的循环路径和添加剂，对吸收剂进行了循环特性改善研究。并以水和水蒸气为活化剂，对多次循环后的吸收剂进行了活化实验。具体工作和结论如下：

（1）钠盐不适合作钙基CO_2吸收剂的改性添加剂。虽然其对循环稳定性有一定的改善，但却使吸收剂从一开始的转化率就很低。

（2）以十二烷基苯磺酸钠和木制素磺酸钙作表面活性剂，用共沉淀法制得的吸收剂具有较高的循环稳定性，吸收剂的最大转化率也比较高，是吸收剂改性的一种有效方法。

（3）在相对应的循环次数中，由$Ca(OH)_2$煅烧生成的CaO比由$CaCO_3$煅烧生成的CaO的最大转化率高，但循环活性同样出现明显衰减。

（4）比表面积是衡量CaO循环性能的一个参数，随比表面积的增大，CaO的转化率增大；CaO孔径分布对吸收性能有重要影响，水和水蒸气处理提高了吸收剂的比表面积，改善了孔容积的分布，提高了吸收剂的循环转化率。

（5）以水和水蒸气为活化剂，可以使多次循环后的吸收剂的活性得到有效恢复，且操作简单、成本低廉。

（6）吸收前的水蒸气处理可以使吸收剂的最大转化率保持稳定，这为化石能源直接制氢中吸收剂活性的维持指明了方向。煅烧后的水合处理也可以有效维持吸收剂的活性。

7 制氢与 CO_2 捕捉的前景

7.1 制氢与 CO_2 捕捉的研究重点

将化石能源转化为洁净的氢能是未来能源高效洁净的一条有效途径，而转化过程中排放出的 CO_2 却使“温室效应”进一步恶化，利用钙基 CO_2 吸收剂高温分离 CO_2，因其成本低廉、利用方便，已经引起广泛关注。钙基 CO_2 吸收剂的循环利用可以减少不断抛弃排出的旧吸收剂同时加入新鲜吸收剂而带来的能量损失和成本增加。但钙基吸收剂在循环煅烧—碳酸化过程中，吸收性能衰减严重，这是利用钙基碳酸盐进行高温 CO_2 分离时必须要解决的问题。

本书针对化石能源直接制氢中 CO_2 吸收剂循环利用过程中的性能衰减问题，从多方面分析了引起吸收剂活性衰减的原因，并结合直接制氢的反应环境，首次采用水蒸气对吸收剂进行了前处理，使吸收剂性能在循环过程中得到有效保持，并考虑将多次循环后的吸收剂采用水蒸气进行活化处理，取得了良好的效果。

7.1.1 直接制氢中 CO_2 吸收剂工作条件的确定

本书研究的钙基 CO_2 吸收剂工作在一个特定的环境中，其适宜的操作条件必须重新分析和研究。首先对化石能源直接制氢过程进行了热力学分析，从理论上大致确定了直接制氢的温度、压力范围及理想条件下比较适宜的进料比等参数，然后采用高温高压定容反应装置对确定的实验条件进行了初步的验证，主要结论如下：

（1）对化石能源直接制氢过程进行了热力学分析和计算，结果表明，CO_2 吸收剂的加入对于化石能源直接制氢和 CO_2 脱除具有积极作用，它打破了反应过程中的化学平衡限制，通过形式上反应器的集成实现多种反应、氢分离和热过程的集成，产物中氢含量高，系统效率高。

(2) 温度对化石能源直接制氢过程的影响较为显著，在一定范围内，提高温度可以增大碳制氢比率和气体产物中氢气的含量。但温度过高将使吸收反应很难进行，并对吸收剂循环特性产生不利影响。所以碳化石能源直接制氢过程中，CO_2 吸收剂适宜的工作温度范围为 650～700℃。

(3) 根据化石能源种类的不同，压力的选择范围较宽，低压更利于生物质直接转化为氢。在确定的温度范围内，生物质类化石能源直接制氢的压力范围为 0.6～3.0MPa。且一定的温度下，对应着一个最佳的压力点，在该条件下，吸收剂的加入可以使氢含量和碳制氢比率最高。

(4) 气化介质——水蒸气的量也对制氢过程有比较重要的影响，过量的水蒸气可以有效地降低气化产物中甲烷的含量，并有助于维持系统中存在 $Ca(OH)_2$，削弱吸收剂循环性能的衰减。

(5) 实验研究与模拟计算比较表明，计算确定的化石能源直接制氢中 CO_2 吸收剂的工作范围是恰当的，也说明利用 Aspen Plus 软件模拟化石能源直接制氢过程是合理的。

7.1.2 CO_2 吸收剂循环特性实验研究

化石能源直接制氢过程中，CO_2 吸收剂起着非常重要的作用，但吸收剂的性能在循环利用过程中会发生衰减。因此，根据 CO_2 吸收剂在直接制氢过程中的工作条件，分析引起吸收剂性能衰减的原因，具有非常重要的意义。本书利用常压固定床反应器和加压反应器，对碳酸钙煅烧的产物——CaO 的循环特性进行了实验研究，借助电镜扫描和孔隙测量等手段，分析了温度、压力、载气成分等因素对吸收剂循环转化率的影响，初步确定了引起吸收剂活性衰减的原因。主要结论如下：

(1) CaO 的碳酸化过程主要由化学反应控制阶段和 CO_2 在产物层内的扩散两部分组成，而化学反应控制阶段决定了吸收剂的最终转化情况。

(2) 随着煅烧/碳酸化循环次数的增加，吸收剂的最大转化率呈现不可避免的衰减。过程参数不同时，衰减趋势略有不同，但转化率的急剧降低基本都发生在前5次循环内。

（3）煅烧温度对吸收剂活性有重要影响。较高的煅烧温度和较长的保温时间容易造成吸收剂的烧结，减少吸收剂中存在的微孔，并且使吸收剂晶粒长大，活性消失。煅烧气氛中存在 CO_2 对吸收剂活性保持不利。

（4）吸收压力和温度也对吸收剂的循环特性有一定影响，较高的吸收压力和吸收温度有利于吸收剂活性的保持。吸收气氛中 CO_2 的体积分数对循环特性几乎没有影响。

（5）白云石的循环吸收容量稳定性明显高于纯碳酸钙。纯碳酸钙在循环初始时所吸收的 CO_2 的量要高于白云石，但随循环次数的增加，碳酸钙所吸收的 CO_2 的量明显下降，而白云石保持了较高的稳定性。

（6）循环煅烧导致的烧结和晶体生长，使吸收剂中的小孔被逐步堵塞、封闭，吸收剂的比表面积和总孔容积大大减小，转化率降低。孔径分布表明，对比表面积贡献最大的为2~10nm孔径范围的孔隙，孔容积分布显示大于10nm的孔隙在总孔中占有很大比例。

7.1.3 CO_2 吸收剂循环特性改善研究

CO_2 吸收剂在循环过程中转化率不断降低，对气化过程产生重大影响，为此，对 CO_2 吸收剂的循环特性进行改善是十分必要的。本书考虑从两个方面对吸收剂循环活性进行改善：一是从吸收剂本身出发，考虑添加微量添加剂；二是从制氢过程出发，根据吸收剂转化过程的特点，进行合理控制，保持吸收剂的高活性。主要结论如下：

（1）钠盐不适合做钙基 CO_2 吸收剂的改性添加剂。虽然其对循环稳定性有一定的改善，但却使吸收剂从一开始的转化率就很低。

（2）以十二烷基苯磺酸钠和木制素磺酸钙作表面活性剂，用共沉淀法制得的吸收剂具有较高的循环稳定性，吸收剂的最大转化率也比较高，是吸收剂改性的一种有效方法。

（3）在相对应的循环次数中，由 $Ca(OH)_2$ 煅烧生成的 H－CaO 吸收剂比 C－CaO 吸收剂的最大转化率高，但循环活性同样出现明显衰减。

(4) 比表面积是衡量 CaO 循环性能的一个参数，随比表面积的增大，CaO 的转化率增大；CaO 孔径分布对吸收性能有重要影响，水和水蒸气处理提高了吸收剂的比表面积，改善了孔容积的分布，提高了吸收剂的循环转化率。

(5) 以水蒸气和水为活化剂，可以使多次循环后的吸收剂的活性得到有效恢复，且操作简单、成本低廉。

(6) 吸收前的水蒸气处理可以使吸收剂的最大转化率保持稳定，这为化石能源直接制氢中吸收剂活性的维持指明了方向；煅烧后的水合处理也可以有效维持吸收剂的活性。

本书对化石能源直接制氢中 CO_2 吸收剂的循环特性研究表明：循环煅烧—碳酸化导致吸收剂比表面积和总孔容积大大减少，最大转化率不断衰减；共沉淀法制取的吸收剂循环特性有所改善，多次循环的吸收剂进行水和水蒸气活化可使活性得到有效恢复。而利用水和水蒸气在吸收反应前对吸收剂进行处理，则是化石能源直接制氢系统维持吸收剂活性最廉价、最易行的方法。

7.2 钙基 CO_2 捕捉技术展望

众所周知，CO_2 排放是导致全球气候变暖的“罪魁祸首”。

CO_2 主要来自煤炭、天然气、石油等化石燃料的燃烧。发达国家是排放 CO_2 的“大户”，约占全球 CO_2 排放总量的 70%。其中，美国是全球最大的碳排放源，约占全球总量的 25%。

CO_2 在大气中的存留期很长，最长可达 200 年。更糟的是，人类的活动规模和范围越来越大，由植物的光合作用所建立起来的 CO_2 和 O_2 的比例平衡面临被打破的危险。

面对 CO_2 的破坏，人类当然不能坐以待毙，科学家们正在积极寻求解决办法。作为应对全球气候变化的技术途径之一，CO_2 捕集与封存在全球各地受到了广泛重视。国际能源署研究表明，到 2050 年，将温室气体浓度限制在 450×10^{-6} 的所有减排技术中，仅碳捕集与封存就需贡献 20%。目前，从燃煤电厂分离捕集 CO_2 主要有三条技术路线：燃烧前捕集、燃烧后捕集和富氧燃烧[89]。三种方案并行发展，有其各自的适应性和优缺点。其中，燃烧后捕集 CO_2 的技术方案因其适用于现有燃煤电厂的改造，被认为是短期内最具潜力的技术。在众多燃烧后捕集 CO_2 的技术方案中，采用固体吸收剂分离烟气中 CO_2 的技术相对于现阶段较为成熟的胺吸收法具有经济性的优势[89]，被认为是未来重要的发展方向之一；而钙基吸收剂来源广泛、价格低廉，对 CO_2 的吸收容量大，因此利用钙基吸收剂循环煅烧/碳酸化法分离烟气中 CO_2 的技术得到越来越多研究者的关注。

任何一项 CO_2 捕集的新技术，只有其经济性与现有成熟技术相比能有较大幅度降低时，才能具有竞争优势。Shimizu[57] 等对钙基 CO_2 吸收剂循环煅烧/碳酸化（简称 CCCR）过程中的质量平衡、热量平衡进行分析，认为当 CaO 转化率为 0.1 时，制取纯氧的能耗仅为 O_2/CO_2 燃烧的 50%，并因分离 CO_2 过程中热量的回收而使电厂净效率高于 O_2/CO_2 燃烧。Hughes 等[90] 利用 ASPEN 软件对 CCCR 过程进行分析，得到当 CaO 转化率为 0.4 时，制取纯氧的能耗仅为 O_2/CO_2 燃烧的 1/3 左右的结论。

实际的 CCCR 过程，为了维持吸收剂的转化率以及弥补吸收剂因磨耗导致的损失，需要向系统中添加新鲜的吸收剂，同时排出一定的废弃吸收剂，如果合理地利用这部分废弃的吸收剂，就可以有效地降低 CCCR 过程的费用，因此对 CCCR 过程的经济性分析需要考虑废弃吸收剂的影响。水泥工业的原料是 CaO，而水泥生产煅烧石灰石得到 CaO 的同时也需要向大气中排放大量的 CO_2。如果将 CCCR 过程再生反应器废弃的吸收剂应用到水泥工业中，就可以在合理利用废弃吸收剂的同时控制水泥生产中 CO_2 的排放。

天然钙基吸收剂在 CCCR 过程中极易磨损与破碎，同时其吸收 CO_2 的能力随循环次数的增加显著降低，因此制备与合成高效、经济、耐磨的吸收剂仍然是钙基吸收剂 CCCR 法研究的重点。钙基吸收剂的循环反应活性、循环稳定性及机械强度等是考察吸收剂优劣的重要指标。具有较高循环反应活性、循环稳定性和较高机械强度，并且具有价格低廉及环境友好等优势的吸收剂是未来研究的一个重要方向。

参考文献

[1] Timothy Cofey, Dennis R Hardy, Gottfried E. Besenbruch. Hydrogen as a fuel for DOD [J]. Defence Horizons, 2003, 36 (11): 1 ~ 11.

[2] 朱起明，魏俊梅，徐柏庆. 中国氢气的生产和应用——现状与前景 [J/OL]. 清华大学碳化工国家重点实验室. 中国新能源网.

[3] Veziroglu T N. Hydrogen technology for energy needs of human settlements [J]. International Journal of Hydrogen Energy, 1987, (12): 99.

[4] 邓渊，等，煤炭加压气化 [M]. 北京：中国建筑工业出版社，1981 .

[5] 徐振刚，吴春来. 煤气化制氢技术 [J]. 低温与特气，2000，18 (6): 28 ~ 31.

[6] Federal Energy Technology Center Office of Fossil Energy. U. S. Department of Energy. Vision 21 Program Plan, 1999.

[7] U. S. Department of Energy. Vision 21 Technology Roadmap, 1999.

[8] A. Robertson. Development of Foster Wheeler' s Vision 21 Partial Gasification Module. Vision 21 Program Review Meeting, Morgantown, West Virginia, 2001.

[9] George Rizeq, Janice West, Arnaldo Frydman, et al. Fuel – Flexible Gasification – Combustion Technology for Production of Hydrogen and Sequestration – Ready Carbon Dioxide [J/OL]. http: //www. osti. gov/energycitations/servl – ets/purl/835933 – c9LoUe/native/835933. pdf.

[10] Gary J. Stiegel. Overview of Program Focus on Hydrogen Production. Hydrogen Workshop. 2000.

[11] Scott M. Klara. World' s First. Coal – based Zero – emission Electricity and Hydrogen Plant NARUC Meeting, 2003.

[12] U. S. Department of Energy Office of Fossil Energy National Energy Technology Laboratory. INSTITUTIONAL PLAN FY 2003 ~ 2007, 2002.

[13] Hans – Joachim Ziock, Klaus S. Lackner, Douglas P. Harrison. ZERO EMISSION COAL. LA – UR – 00 – 1765, 2000, http: //www. zeca. org/docs. html.

[14] Hans – Joachim Ziock, Klaus S. Lackner. Overview of the ZECA (Zero Emission Coal Alliance) Technology. LA – UR – 00 – 6002, 2000, http: //www. zeca. org/docs. html.

[15] Hans – J. Ziock, Klaus S. Lackner, Douglas P. Harrison. Zero Emission Coal Power, a New Concept. LA – UR – 01 – 2214, 2001, http: //www. zeca. org/

docs. html.

[16] Shi Ying Lin, Yoshizo Suzuki, Hiroyuki Hatano, et al. Producing Hydrogen from Coals by Using A Method of Reaction Integrated Novel Gasification (HyPr – RING). 16th Int. Pittsburgh Coal Conference, US. Pittsburgh, 1999.

[17] Shi Ying Lin, Michiaki Harada, Yoshizo Suzuki, et al. Hydrogen Production by Integrating Gasification and CO_2 absorption (HyPr – RING). 11th International Conference on Coal Science, USA, San Francisco, 2001.

[18] Shi Ying Lin, Michiaki Harada, Yoshizo Suzuki, Hiroyuki Hatano. Hydrogen production from coal by separating carbon dioxide during gasification [J]. Fuel, 2002, 81: 2079 ~ 2085.

[19] 闫跃龙. 化石能源直接制氢的试验研究 [D]. 北京：中国科学院研究生院, 2002.

[20] Feng Wang, Yunhan Xiao, Wendong Tian. Experimental study on hydrogen from coal. Proceedings of the 5th International Symposium on Coal Combustion. Nanjing, China, 2003.

[21] 闫跃龙，肖云汉，田文栋，等. 含碳能源直接制氢的热力学分析与实验研究 [J]. 工程热物理学报, 2003, 24 (5): 744 ~ 746.

[22] 阴秀丽，吴创之，徐燕冰，等. 生物质气化对减少 CO_2 排放的作用 [J]. 太阳能学报, 2000, 21 (1): 40 ~ 44.

[23] 闫桂焕，孙立，许敏. 生物质热化学转化制氢技术 [J]. 可再生能源, 2004, (4): 33 ~ 36.

[24] Michael Jerry Antal, Jr., Supaporn Manarungson, William Shu – Lai Mok. Hydrogen Production by Steam Reforming Glucose in Supercritical Water [J]. Adv. Themochem. Biomass. Convers. (Ed. Rev. Pap. Int. Conf.) 3rd, 1994, 1367 ~ 1377.

[25] S. Turn, C. Kinoshita, Z. Zhang. An Experimental Investigation of Hydrogen Production From Biomass Gasification [J]. 1998, 23 (8): 64 ~ 648.

[26] General Atomics. Test report: swage sludge gasification in supercritical water. Prepared for the United States Department of Energy, 1997.

[27] Adnan Midilli, Murat Dogru, Galip Akay. Hydrogen production from sewage sludge via a fixed bed gasifier product gas [J]. International Journal of Hydrogen Energy, 2002, 27: 1035 ~ 1041.

[28] H. Schmieder, J. Abeln, N. Boukis, E. Dinjus, A. Kruse, M. Kluth, G. Petrich, E. Sadri, M. Schacht. Hydrothermal gasification of biomass and org-

nanic wastes [J]. Journal of Supercritical Fluids, 2000, 17: 145~153.

[29] Ayhan Demirbas. Hydrogen - rich gas from fruit shells via supercritical water extraction [J]. International Journal of Hydrogen Energy, 2004, 29: 1237~1243.

[30] X. H. Hao, L. J. Guo, X. Mao, et al. Hydrogen production from glucose used as a model compound of biomass gasified in supercritical water [J]. International Journal of Hydrogen Energy, 2003, 28: 55~64.

[31] P. M. Lv, Z. H. Xiong, J. Chang, et al. An experimental study on biomass air - steam gasification in a fluidized bed [J]. Bioresource Technology, 2004, 95: 95~101.

[32] 许珊，王晓来，赵睿. 甲烷催化制氢气的研究进展 [J]. 化学进展, 2003, 15 (2): 141~150.

[33] B. Balasubramanian, A. Lopez Ortiz, S. Kaytakoglu. Hydrogen from methane in a single - step process [J]. Chemical Engineering Science, 1999, 54: 3543~3552.

[34] Yi - Ning Wang, Alirio E. Rodrigues. Hydrogen production from steam methane reforming coupled with in situ CO_2 capture: Conceptual parametric study [J]. Fuel, 2005, 84: 1778~1789.

[35] K. Johnsen, H. J. Ryu, J. R. Grace, et al. Sorption - enhanced steam reforming of methane in a fluidized bed reactor with dolomite as CO_2 - acceptor [J]. Chemical Engineering Science, 2006, 61: 1195~1202.

[36] 肖云汉. 煤制氢零排放系统 [J]. 工程热物理学报, 2001, 22 (1): 13~15.

[37] Shi Ying Lin, Yoshizo Suzuki, Hiroyuki Hatano. Developing an Innovative Method, HyPr - RING, to Produce Hydrogen from Hydrocarbons [J]. Energy Conversion and Management, 2002, 43: 1283~1290.

[38] Squires A M. Cyclic use of calcined dolomite to desulfurize fuels undergoing gasification [J]. Adv. Chem. Ser. 1967, 69: 205~229.

[39] Curran G P, Fink C E, Gorin E. CO_2 Acceptor Gasification Process: studies of acceptor properties [J]. Adv. Chem. Ser. 1967, 69: 141~165.

[40] D. A. Reeve, Global Change Strategies International Inc., The Capture and Storage of Carbon Dioxide Emissions - A significant opportunity to help Canada meets its Kyoto targets. Prepared under NRCan Contract File No. NRCan - 00 - 0195. Office of Energy Research and Development, Natural Resources Canada,

Ottawa, Ontario, Canada, 2000.

[41] M. Fernandez Bertos, S. J. R. Simons, C. D. Hills, P. J. Carey. A review of accelerated carbonation technology in the treatment of cement – based materials and sequestration of CO_2 [J]. Journal of Hazardous Materials, 2004, B112: 193 ~ 205.

[42] M. M. Maroto – Valer, D. J. Fauth, M. E. Kuchta. Activation of magnesium rich minerals as carbonation feedstock materials for CO_2 sequestration. Fuel Processing Technology, 2005, www. elsevier. com/locate/fuproc.

[43] K. Johnsen, H. J. Ryu, J. R. Grace, et al. Sorption – enhanced steam reforming of methane in a fluidized bed reactor with dolomite as CO_2 – acceptor [J]. Chemical Engineering Science, 2006, 61: 1195 ~ 1202.

[44] Joshuah K. Stolaroff, Gregory V. Lowry, David W. Keith. Using CaO – and MgO – rich industrial waste streams for carbon sequestration [J]. Energy Conversion and Management, 2005, 46: 687 ~ 699.

[45] Guanwen Xu, Takahiro Murakami, Toshiyuki Suda, et al. Distinctive Effects of CaO Additive on Atmospheric Gasification of Biomass at Different Temperatures [J]. Ind. Eng. Chem. Res., 2005, 44 (15): 5864 ~ 5868.

[46] Junichiro Otomo, Ching – ju Wen, Hiroshi Takahashi. Effect of carbon dioxide absorbent on initial hydrogen production from epoxy resin under high – temperature and – pressure steam conditions [J]. Chemical Engineering Journal. 2004, 99: 125 ~ 129.

[47] Shiying Lin, Michiaki Harada, Yoshizo Suzuki, et al. CO_2 separation during hydrocarbon gasification [J]. Energy, 2005, 30: 2186 ~ 2193.

[48] Philippe Mathieu. Towards the hydrogen era using near – zero CO_2 emissions energy systems [J]. Energy, 2004, 29: 1993 ~ 2002.

[49] Himanshu Gupta, Liang – S. Fan. Carbonation – Calcination Cycle Using High Reactivity Calcium Oxide for Carbon Dioxide Separation from Flue Gas [J]. Ind. Eng. Chem. Res. 2002, 41 (16): 4035 ~ 4042.

[50] A. Silaban, D. P. Harrison. High temperature capture of carbon dioxide: characteristics of the reversible reaction between CaO(s) and CO_2(g) [J]. Chem. Eng. Comm., 1995, 137: 177 ~ 190.

[51] A. Silaban, M. Narcida, D. P. Harrison. Characteristics of the reversible reaction between CO_2 (g) and calcined dolomite [J]. Chem. Eng. Comm., 1996, 146: 149 ~ 162.

[52] Jesus Delgado, Maria P. Aznar, Jose Corella. Calcined Dolomite, Magnesite, and Calcite for Cleaning Hot Gas from a Fluidized Bed Biomass Gasifier with Steam: Life and Usefulness [J]. Ind. Eng. Chem. Res., 1996 (10), 35: 3637 ~ 3643.

[53] Chun Han, Douglas P. Harrison. Multicycle performance of a single - step process for H_2 production [J]. separation science and technology, 1997, 32 (1 ~ 4): 681 ~ 697.

[54] Andreas Bandi, Michael Specht, Peter Sichler. In situ Gas Conditioning in Fuel Reforming for Hydrogen Generation.

[55] Juan Carlos Abanades. The maximum capture efficiency of CO_2 using a carbonation /calcination cycle of $CaO/CaCO_3$ [J]. Chemical Engineering Journal. 2002, 90: 303 ~ 306.

[56] Barker R. The reversibility of the reaction $CaCO_3 = CaO + CO_2$ [J]. J. Appl. Chem. Biotechnol., 1973, 23: 733 ~ 742.

[57] T. Shimizu, T. Hirama, H. Hosoda, et al. A twin fluid - bed reactor for removal of CO_2 from combustion processes [J]. Trans IChemE. 1999, 77 (A): 62 ~ 68.

[58] J. Carlos Abanades, Diego Alvarez. Conversion Limits in the Reaction of CO_2 with Lime [J]. Energy & Fuels, 2003, 17 (2): 308 ~ 315.

[59] Jinsheng Wang, Edward J. Anthony. On the Decay Behavior of the CO_2 Absorption Capacity of CaO - Based Sorbents [J]. Ind. Eng. Chem. Res., 2005, 44 (3): 627 ~ 629.

[60] Diego Alvarez, J. Carlos Abanades. Determination of the Critical Product Layer Thickness in the Reaction of CaO with CO_2 [J]. Ind. Eng. Chem. Res. 2005, 44 (15): 5608 ~ 5615.

[61] Diego Alvarez, J. Carlos Abanades. Pore - Size and Shape Effects on the Recarbonation Performance of Calcium Oxide Submitted to Repeated Calcination/Recarbonation Cycles [J]. Energy & Fuels, 2005, 19 (1): 270 ~ 278.

[62] Mahesh V Iyer, Himanshu Gupta, Bartev B Sakadj Ian, et al. Multicyclic study on the simultaneous carbonation and sulfation of high reactivity CaO [J]. Ind Eng Chem Res, 2004, 43 (14): 3939 ~ 3947.

[63] C. Salvador, D. Lu, E. J. Anthony, et al. Enhancement of CaO for CO_2 capture in an FBC environment [J]. Chemical Engineering Journal, 2003, 96: 187 ~ 195.

[64] K. Chrissafis, C. Dagounaki, K. M. Paraskevopoulos. The effects of procedural variables on the maximum capture efficiency of CO_2 using a carbonation/calcination cycle of carbonate rocks. Thermochimica Acta (2004) www. elsevier. com/locate/tca.

[65] K. Chrissafis, K. M. Paraskevopoulos. The Effect of Sintering on the Maximum Capture Efficiency of CO_2 Using a Carbonation/Calcination Cycle [J]. Journal of Thermal Analysis and Calorimetry, 2005, 81: 463 ~ 468.

[66] Abanades J Carlos. Capture of CO_2 from combustion gases in a fluidized bed of CaO [J]. AICHE Journal, 2004, 50 (7): 1614 ~ 1622.

[67] Koji Kuramoto, Shinji Fujimoto, Atsuko Morita, et al. Repetitive Carbonation - calcination Reactions of Ca - Based Sorbents for Efficient CO_2 sorption at Elevated Temperatures and Pressures [J]. Ind. Eng. Chem. Res., 2003, 42: 975 ~ 981.

[68] Koji Kuramoto, Sayaka Shibano, Shinji Fujimoto, et al. Deactivation of Ca - Based Sorbents by Coal - Derived Minerals during Multicycle CO_2 Sorption under Elevated Pressure and Temperature [J]. Ind. Eng. Chem. Res. 2003, 42: 3566 ~ 3570.

[69] Koji Kuramoto, Katsuyuki Ohtomo, Koichi Suzuki, et al. Localized Interaction between Coal - Included Minerals and Ca - Based CO_2 Sorbents during the High - Pressure Steam Coal Gasification (HyPr - RING) Process [J]. Ind. Eng. Chem. Res., 2004, 43 (25): 7989 ~ 7995.

[70] 齐庆杰，马云东，刘建忠，等. 碳酸钙热分解机理的热重实验研究 [J]. 辽宁工程技术大学学报，2002，21 (6)：689 ~ 692.

[71] 余兆南. 碳酸钙分解的试验研究 [J]. 热能动力工程，1997，12 (4)：278 ~ 318.

[72] 葛岭梅，许满贵，李建伟，等. 添加剂对煅烧石灰石孔结构的影响 [J]. 湘潭矿业学院学报，1998，13 (3)：51 ~ 55.

[73] 宁静涛，钟北京，傅维标. 微细石灰石粉末高温煅烧分解研究 [J]. 燃烧科学与技术，2003，9 (3)：205 ~ 208.

[74] Li Z S, Cai N S, Huang Y Y, Han H J. Synthesis, Experimental Studies, and Analysis of a New Calcium - Based Carbon Dioxide Absorbent [J]. Energy & Fuels, 2005, 19 (4): 1447 ~ 1452..

[75] 李振山，蔡宁生，黄煜煜，韩海锦. CaO 循环吸收 CO_2 的实验研究 [J]. 燃烧科学与技术，2005，11 (4)：379 ~ 383.

[76] 岑可法，姚强，等. 煤浆燃烧、流动、传热和气化的理论与应用技术［M］. 杭州：浙江大学出版社，1997.

[77] Shiying Lin, Michiaki Harada, Yoshizo Suzuki. Process analysis for hydrogen production by reaction integrated novel gasification (HyPr – RING) [J]. Energy Conversion and Management, 2005, 46: 869 ~ 880.

[78] M. Gambini, M. Vellini. Comparative analysis of H_2/O_2 cycle power plants based on different hydrogen production systems from fossil fuels [J]. International Journal of Hydrogen Energy, 2005, 30: 593 ~ 604.

[79] Deuk Ki Lee, Il Hyun Baek, Wang Lai Yoon. A simulation study for the hybrid reaction of methane steam reforming and in situ CO_2 removal in a moving bed reactor of a catalyst admixed with a CaO – based CO_2 acceptor for H_2 production [J]. International Journal of Hydrogen Energy, in press.

[80] 张斌，倪维斗，李政. 考虑减排 CO_2 的几种大规模制氢系统技术经济分析（上）［J］. 天然气工业，2004, 24 (1): 101 ~ 106.

[81] Wang Zhihua, Zhou Junhu, Wang Qinhui. Thermodynamic equilibrium analysis of hydrogen production by coal based on Coal/CaO/H_2O gasification system [J]. International Journal of Hydrogen Energy, in press.

[82] 王勤辉，沈洵，骆仲泱，等. 新型近零排放煤气化燃烧利用系统［J］. 动力工程. 2003, 23 (5): 2711 ~ 2715.

[83] Aspen Technology Company. ASPEN Plus User Guide: Volume1 – 3 [M]. Cambridge, USA: Aspen Technology Company, 1999.

[84] 麻林巍. 以煤气化为核心的甲醇、电的多联产系统研究［D］. 北京：清华大学，2003.

[85] 兰正学. 化学热力学计算［M］. 西安：陕西科学技术出版社，1986.

[86] M. C. Fuerstenau, C. M. Shen, B. R. Palmer. Liquidus Temperature in the $CaCO_3$ – $Ca(OH)_2$ – CaO and $CaCO_3$ – $CaSO_4$ – CaS Ternary Systems. 1 [J]. Ind. Eng. Chem. Proces Des. Dev., 1981, 20: 441 ~ 443.

[87] Morten B. Jensen, Lars G. M. Pettersson, Ole Swang, et al. CO_2 Sorption on MgO and CaO Surfaces: A Comparative Quantum Chemical Cluster Study [J]. J. Phys. Chem. B, 2005, 109 (35): 16774 – 16781.

[88] Lee Jia – Twu. The pore structure of porous calcium oxide from calcium carbonate during thermal decomposition. D. S. Thesis, University of Cincinnati, 1992.

[89] Figueroa J D, Fout T, Plasynski S, et al. Advances in CO_2 capture technology – the U. S. department of energy' s carbon sequestration program [J]. Interna-

tional Journal of Greenhouse Gas Control, 2008, 2 (1): 9 ~ 20.

[90] Hughes R W, Lu D Y, Anthony E J, et al. Design, process simulation and construction of an atmospheric dual fluidized bed combustion system for in situ CO_2 capture using high - temperature sorbents [J]. Fuel Processing Technology, 2005, 86 (14 ~ 15): 1523 ~ 1531.

冶金工业出版社部分图书推荐

书名	作者	定价(元)
冶金过程废水处理与利用	钱小青 葛丽英 赵由才	30.00
冶金企业污染土壤和地下水整治与修复	孙英杰 孙晓杰 赵由才	29.00
冶金过程废气污染控制与资源化	唐平 曹先艳 赵由才	40.00
冶金企业废弃生产设备设施处理与利用	宋立杰 赵由才	36.00
冶金过程固体废物处理与资源化	李鸿江 刘清 赵由才	39.00
矿山固体废物处理与资源化	蒋家超 招国栋 赵由才	26.00
湿法冶金污染控制技术	赵由才 牛冬杰	38.00
城市生活垃圾智能管理	王华 毕贵红 李劲	48.00
环境工程微生物学	林海	45.00
物理污染控制工程	杜翠凤 宋波 蒋仲安	30.00
医疗废物焚烧技术基础	王华	18.00
二恶英零排放化城市生活垃圾焚烧技术	王华	15.00
城市生活垃圾直接气化熔融焚烧过程控制	王海瑞	20.00
城市生活垃圾直接气化熔融焚烧技术基础	胡建杭	19.00
工业废水处理工程实例	张学洪	28.00
钢铁工业废水资源回用技术与应用	王绍文	68.00
焦化废水无害化处理与回用技术	王绍文	28.00
电炉炼钢除尘与节能技术问答	沈仁 华伟明 沈曙	29.00
袋式除尘技术	张殿印 王纯 俞非漉	125.00
烟尘纤维过滤理论、技术及应用	向晓东	45.00
燃煤汞污染及其控制	王立刚 刘柏谦	19.00
固体废物污染控制原理与资源化技术	徐晓军 管锡君 羊依金	39.00
环境污染控制工程	王守信 郭亚兵	49.00
焦炉煤气净化操作技术	高建业	30.00
环境保护及其法规（第2版）	任效乾 王荣祥	45.00
环境生化检验	王瑞芬	18.00
环境噪声控制	李家华	19.80